环境监测技术与管理研究

王伟平　刘亚娟　陈培培◎著

山西出版传媒集团  山西人民出版社

图书在版编目（ＣＩＰ）数据

环境监测技术与管理研究 / 王伟平，刘亚娟，陈培
培著. -- 太原：山西人民出版社，2023.12
ISBN 978-7-203-12834-2

Ⅰ. ①环… Ⅱ. ①王… ②刘… ③陈… Ⅲ. ①环境监
测 Ⅳ. ①X83

中国国家版本馆CIP数据核字(2023)第071715号

环境监测技术与管理研究

著　　者：王伟平　　刘亚娟　　陈培培
责任编辑：冯灵芝
复　　审：贾　娟
终　　审：梁晋华
装帧设计：博健文化

出 版 者：山西出版传媒集团·山西人民出版社
地　　址：太原市建设南路 21 号
邮　　编：030012
发行营销：0351－4922220　4955996　4956039　4922127（传真）
天猫官网：https://sxrmcbs.tmall.com　电话：0351－4922159
E－mail：sxskcb@163.com　发行部
　　　　　sxskcb@126.com　总编室
网　　址：www.sxskcb.com

经 销 者：山西出版传媒集团·山西人民出版社
承 印 厂：廊坊市源鹏印务有限公司

开　　本：787mm×1092mm　　　1/16
印　　张：12.5
字　　数：260 千字
版　　次：2024 年 6 月　第 1 版
印　　次：2024 年 6 月　第 1 次印刷
书　　号：ISBN 978-7-203-12834-2
定　　价：88.00 元

如有印装质量问题请与本社联系调换

前　言

　　环境问题不仅关乎人们的身体健康，而且对我国可持续发展战略的实施具有重要影响。近年来，虽然我国经济得到了飞速发展，但是从实际情况来看，环境问题越来越严重。为了响应国家环保号召，在城市发展规划中要平衡生态环境管理工作和城市经济发展工作，提升具体环节的整体水平和质量。相关监督管理部门要充分重视环境监测技术的价值，结合环境保护规划和方案落实相应的内容，促进环境保护工作的全面进步和发展，并且有效建立完整的环境监测体系，从而缓解生态被破坏的情况，打造更加合理的生态控制规范，实现经济效益和环保效益的共赢。因此，对我国环境监测技术进行研究具有现实意义，需要对其给予高度重视，以便对我国环境进行有效改善，促进环境保护工作的全面进步和发展，提高环境质量。

　　环境监测是准确、及时、全面地反映环境质量现状及发展趋势的技术手段，为环境科学研究、环境规划、环境影响评价、环境工程设计、环境保护管理和环境保护宏观决策等提供不可缺少的基础数据和重要信息。环境监测是环境保护工作的基础，是执行环境保护法规的依据，是污染治理及环境科学研究、规划和管理不可缺少的重要手段。随着环境监测技术、质量管理技术和质量管理体系的发展，我国环境监测的质量管理工作开始步入制度化和规范化发展轨道，已从单一地、简单地制定规章制度，逐步发展到全面的、系统的质量管理体系建设；从单一的环节程序控制，发展到环境监测全过程的质量保证和控制，有效地推动了我国环境监测质量管理水平的全面提升。

　　本书着眼于环境监测和环境管理两方面，从环境监测的基本概念入手，内容涉及水质、大气、土壤、固体废弃物等内容，并介绍了开展环境管理的技术方法，分析了城市和农村的环境管理实践，探索了生态建设系统下环境管理的发展趋势，以环境监测与环境管理的有机结合推动有关环境管理水平的提高和环境质量的改善。

　　本书编写过程中，在资料收集、筛选和整编等方面难免失之偏颇，加之时间仓促、水平有限，难免有不足和疏漏之处，恳请读者批评指正。同时，对本书的编写人员及无私提供相关资料的人员表示诚挚的谢意！

目　录

第一章　环境监测概述

第一节　环境监测程序

环境监测是环境科学的一个重要分支学科。环境化学、环境物理学、环境地学、环境工程学、环境医学、环境管理学、环境经济学及环境法学等所有环境科学的分支学科，都需要在了解、评价环境质量及变化趋势的基础上，才能进行各项研究和制定有关管理、经济的法规。"监测"一词的含义可理解为监视、测定、监控等，因此环境监测就是通过对影响环境质量因素的代表值的测定，确定环境质量（或污染程度）及变化趋势。随着工业和科学的发展，监测含义也扩展了，由工业污染源的监测逐步发展到对大环境的监测，即监测对象不仅仅是影响环境质量的污染因子，还延伸到对生物、生态变化的监测。

判断环境质量，仅对某一污染物进行某一地点、某一时刻的分析测定是不够的，必须对各种有关污染因素、环境因素在一定范围、时间、空间内进行测定，分析其综合测定数据，才能对环境质量做出确切评价。因此，环境监测包括对污染物分析测试的化学监测（包括物理化学方法）；对物理（或能量）因子热、声、光、电磁辐射、振动及放射性等强度、能量和状态测试的物理监测；对生物由于环境质量变化所发出的各种信息，如受害症状、生长发育、形态变化等的生物监测；对区域群落、种落的迁移变化观测的生态监测等。

环境监测的基本程序一般为：接受任务→明确目的→现场调查→方案设计→采集样品→运送保存→分析测试→数据处理→综合评价→监督控制等。具体如下：

一、接受任务

环境监测的任务主要来自环境保护主管部门的指令，以及单位、组织或个人的委托、申请和监测机构的安排三个方面。环境监测是一项政府行为和技术性、执法性活动，所以必须有确切的任务依据。

二、明确目的

根据任务下达者的要求和需求，确定针对性较强的监测工作的具体目的。

三、现场调查

根据监测目的，进行现场调查研究，主要摸清主要污染源的性质及排放规律，污染受体的性质及污染源的相对位置以及水文、地理、气象等环境条件和历史情况等。

四、方案设计

根据现场调查情况和有关技术规范要求，认真做好监测方案设计，并据此进行现场布点作业，做好标志和必要准备工作。

五、采集样品

按照设计方案和规定的操作程序，实施样品采集，对某些须现场处置的样品，应按规定进行处置包装，并如实记录采样实况和现场实况。

六、运送保存

按照规范方法需求，将采集的样品和记录及时安全地送往实验室，办好交接手续。

七、分析测试

按照规定程序和规定的分析方法，对样品进行分析，如实记录检测。

八、数据处理

对测试数据进行处理和统计检验，整理入库。

九、综合评价

依据有关规定和标准进行综合分析，并结合现场调查资料对监测结果做出合理解释，写出研究报告，并按规定程序报出。

十、监督控制

依据主管部门指令或用户需求，对监测对象实施监督控制，保证法规政令落到实处。

从信息技术角度看，环境监测是环境信息的捕获→传递→解析→综合的过程。只有在对监测信息进行解析、综合的基础上，才能全面、客观、准确地揭示监测数据的内涵，对环境质量及其变化做出正确的评价。

第二节　环境监测的目的和分类

一、环境监测的目的

环境监测的目的是准确、及时、全面地反映环境质量现状及发展趋势，为环境管理、污染源控制、环境规划等提供科学依据。具体可归纳为六条：

第一，根据环境质量标准，评价环境质量。

第二，根据污染特点、分布情况和环境条件，追踪寻找污染源，提供污染变化趋势，为实现监督管理、控制污染提供依据。

第三，收集本底值数据，积累长期监测资料，为研究环境容量、实施总量控制和目标管理、预测预报环境质量提供数据。

第四，为保护人类健康、保护环境，合理使用自然资源，制定环境法规、标准、规划等服务。

第五，通过监测确定环保设施运行效果，以便采取有效措施和管理对策，达到减少污染、保护环境的目的。

第六，为环境科学研究提供科学依据。

二、环境监测的任务

针对上述环境监测的目的，具体来说，环境监测的任务主要有相应的五项：

第一，确定环境中污染物质的浓度或污染因素的强度，判断环境质量是否合乎国家制定的环境质量标准，定期提出环境质量报告。

第二，确定污染物质的浓度或因素的强度、分布现状、发展趋势和扩散速度，以追究污染途径，确定污染源。

第三，确定污染源造成的污染影响，判断污染物在事件和空间上的分布迁移、转化和发展规律；掌握污染物作用大气、水体、土壤和生态系统的规律性，判断浓度最高的时间和空间，确定污染潜在危害最严重的区域，以确定控制和防治的对策，评价防治措施的效果。

第四，为环境科学研究提供数据资料，以便研究污染扩散模式，发现新污染源，进行污染源对环境质量影响的预测、评价及环境污染的预测预报。

第五，收集环境本底数据，积累长期监测资料，为研究环境容量、实施总量控制和完善环境管理体系、保护人类健康、保护环境提供基础数据。

三、环境监测的分类

环境污染物的种类庞大，性质各异，污染物在环境中的形态多样，迁移转化复杂，污染源多样，环境介质及被污染对象多样复杂，加之环境监测的目的与任务有多层次的要求等多种因素，决定了环境监测的类型划分方式的多样性和环境监测类型的多样性。

（一）按监测目的或监测任务划分

1. 监视性监测（例行监测、常规监测）

监视性监测是指按照预先布置好的网点对指定的有关项目进行定期的、长时间的监测，包括对污染源的监督监测和环境质量的监测，以确定环境质量及污染源状况，评价控制措施的效果，衡量环境标准实施情况和环境保护工作的进展情况。这是监测工作中量最大、面最广的工作，是纵向指令性任务，是监测站第一位的工作，其工作质量是环境监测水平的主要标志。

2. 特定目的监测（特例监测、应急监测）

（1）污染事故监测

污染事故监测是在环境应急情况下，为发现和查明环境污染情况和污染范围进行的环境监测，包括在发生污染事故时及时深入事故地点进行应急监测，确定污染物的种类、扩散方向、速度和污染程度及危害范围，查找污染发生的原因，为控制污染事故提供科学依据。这类监测常采用流动监测（车、船等）、简易监测、低空航测、遥感等手段。

（2）纠纷仲裁监测

主要针对污染事故纠纷、环境执法过程中所产生的矛盾进行监测，提供公证数据。

（3）考核验证监测

包括人员考核、方法验证、新建项目的环境考核评价、排污许可证制度考核监测、"三同时"项目验收监测、污染治理项目竣工时的验收监测。

（4）咨询服务监测

咨询服务监测指为政府部门、科研机构、生产单位所提供的服务性监测。该监测为国家政府部门制定环境保护法规、标准、规划提供基础数据和手段，如建设新企业应进行环境影响评价，需要按评价要求进行监测。

3. 研究性监测（科研监测）

研究性监测是针对特定目的科学研究而进行的高层次监测，通过监测可了解污染机理，弄清污染物的迁移变化规律，研究环境受到污染的程度。例如，环境本底值的监测及研究、有毒有害物质对从业人员的影响研究、为监测工作本身服务的科研工作监测（如统一方法和标准分析方法的研究、标准物质研制、预防监测）等。这类研究往往要求多学科合作进行。

4. 本底值监测（背景值监测）

环境本底值是指在环境要素未受污染影响的情况下环境质量的代表值，简称本底值。本底值监测是一类特殊的研究型监测，是环境科学的一项重要基础工作，能为污染物阈值的确定、环境质量的评价和预测、污染物在环境中迁移转化规律的研究和环境标准的制定等提供依据。

（二）按环境监测的介质与对象划分

环境监测的介质与对象可分为大气污染监测、水质污染监测、土壤污染监测、生物污染监测以及固体废物监测和包括四种环境要素在内的生态监测等。

（三）按环境监测的工作性质划分

1. 环境质量监测

分为大气、水、土壤生物等环境要素以及固体废物的环境质量，主要由各级环境监测站负责，都有一系列环境质量标准以及环境质量监测技术规范等。

2. 污染源监测（排放污染物监测）

由各级监测站和企业本身负责。按污染源的类型分为工业污染源、农业污染源、生活污染源（包括交通污染源）、集中式污染治理设施和其他产生、排放污染物的设施。

（四）按其他方式划分

按进行环境监测的专业部门划分，可分为气象监测、卫生监测、生态监测、资源监测等。按环境监测的区域划分，可分为厂区监测和区域监测。

上述各种分类方式不是孤立的和一成不变的，在实际环境监测工作中，常根据需要进行多种方式相结合的监测。

第三节　环境监测特点与环境监测技术概述

一、环境监测的发展

（一）被动监测

环境污染虽然自古就有，但环境科学作为一门学科是在 20 世纪 50 年代才开始发展起来的。最初危害较大的环境污染事件主要是由于化学毒物所造成，因此，对环境样品进行化学分析，以确定其组成和含量的环境分析就产生了。由于环境污染物通常处于痕量级甚至更低，并且基体复杂，流动性、变异性大，又涉及空间分布及变化，所以对分析的灵敏度、准确度、分辨率和分析速度等提出了很高的要求。因此，环境分析实际上促进了分析化学的发展。这一阶段称之为污染监测阶段或被动监测阶段。

（二）主动监测

20 世纪 70 年代，随着科学的发展，人们逐渐认识到，影响环境质量的因素不仅仅是化学因素，还有物理因素，例如噪声，振动，光、热、电磁辐射性、放射性等，所以用生物（动物、植物）的受害症状等的变化作为判断环境质量的标准更为准确可靠，于是出现了生物监测，并从生物监测向生态监测发展。即：在时间和空间上对特定区域范围内生态系统或生态系统组合体的类型、结构和功能及其组合要素进行系统观测和测定，以了解、评价和预测人类活动对生态系统的影响，为合理利用自然资源、改善生态环境提供科学依据。此外，某一化学毒物的含量仅仅是影响环境质量的因素之一，环境中各种污染物之间，污染物与其他物质、其他因素之间还存在着相加和拮抗作用，所以环境分析只是环境监测的一部分。因此，环境监测的手段除了化学的，还发展了物理的、生物的等等。同时，监测范围也从点污染的监测发展到面污染以及区域性的立体监测，这一阶段称之为环境监测的主动监测或目的监测阶段。

(三) 自动监测

监测手段和监测范围的扩大虽然能够说明区域性的环境质量,但由于受采样手段、采样频率、采样数量、分析速度、数据处理速度等限制,仍不能及时地监测环境质量变化,预测变化趋势,更不能根据监测结果发布采取应急措施的指令。20 世纪 80 年代初,发达国家相继建立了自动连续监测系统,并使用了遥感、遥测手段,监测仪器用电子计算机遥控,数据用有线或无线传输的方式送到监测中心控制室,经电子计算机处理,可自动打印成指定的表格,画出污染态势、浓度分布图;可以在极短时间内观察到空气、水体污染浓度变化,预测预报未来环境质量;当污染程度接近或超过环境标准时,可发布指令、通告,并采取保护措施。这一阶段称为污染防治监测阶段或自动监测阶段。

二、环境污染和环境监测的特点

(一) 环境污染的特点

环境污染是各种污染因素本身及其相互作用的结果。同时,环境污染还受社会评价的影响,因而具有社会性。它的特点归纳如下:

1. 时间分布性

污染物的排放量和污染因素的强度随时间变化而变化。例如,工厂排放污染物的种类和浓度往往随时间变化而变化。河流的潮汛和丰水期、枯水期的交替,都会使污染物浓度随时间变化而变化。气象条件的改变会造成同一污染物在同一地点的污染浓度相差高达数十倍。交通噪音的污染强度会随着不同时间段内车流量的变化而变化。

2. 空间分布性

污染物和污染因素进入环境后,随着水和空气的流动而被稀释、扩散。不同污染物的稳定性和扩散速度与污染物性质有关。因此,不同空间位置上污染物的浓度和强度分布是不同的。为了正确表述一个地区的环境质量,单靠某一点的监测结果是不完整的,必须根据污染物的时间、空间分布特点,科学地制订监测计划(包括监测网点设置、监测项目和采样频率设计等),然后对监测数据进行统计分析,才能使污染情况得到较全面而客观的反映。

3. 环境污染与污染物含量（或污染因素强度）的关系

有害物质引起毒害的量与其无害的自然本底值之间存在一个界限。所以，污染物对环境的危害有一个阈值。对阈值的研究，是判断环境污染及污染程度的重要依据，也是制定环境标准的科学依据。

4. 污染因素的综合效应

环境是一个由生物（动物、植物、微生物）和非生物组成的复杂体系，必须考虑各种因素的综合效应。从传统毒理学的观点看，多种污染物同时存在对人或生物体的影响有以下几种情况：

（1）单独作用

即只是由于混合物中某一组分对机体中某些器官发生危害，没有因污染物的共同作用而加深危害的，称为污染物的单独作用。

（2）相加作用

混合污染物各组分对机体的同一器官的毒害作用彼此相似，且偏向同一方向，当这种作用等于各污染物毒害作用的总和时，称为污染的相加作用。如大气中二氧化硫和硫酸气溶胶之间、氯和氯化氢之间，当它们在低浓度时，其联合毒害作用即为相加作用，而在高浓度时则不具备相加作用。

（3）相乘作用

当混合污染物各组分对机体的毒害作用超过个别毒害作用的总和时，称为相乘作用。如二氧化硫和颗粒物之间、氮氧化物与一氧化碳之间，就存在相乘作用。

（4）拮抗作用

当两种或两种以上污染物对机体的毒害作用彼此抵消一部分或大部分时，称为拮抗作用。如动物试验表明，当食物中有 30 毫克/千克甲基汞，同时又存在 12.5 毫克/千克硒时，就可能抑制甲基汞的毒性。

环境污染还会改变生态系统的结构和功能。

5. 环境污染的社会评价

环境污染的社会评价与社会制度、文明程度、技术经济发展水平、民族的风俗习惯、哲学、法律等问题有关。有些具有潜在危险的污染物，因其表现为慢性危害，往往不易引起人们注意，而某些现实的、能直接感受到的污染物容易受到社会重视。如河流被污染程度逐渐增大，人们往往不予注意，而因噪音、烟尘等引起的社会纠纷很普遍。

（二）环境监测的特点

环境监测就其对象、手段、时间和空间的多变性、污染组分的复杂性等，其特点可归纳为以下几点：

1. 环境监测的综合性

环境监测的综合性表现在以下几方面：

（1）监测手段

包括化学、物理、生物、物理化学、生物化学及生物物理等一切可以表征环境质量的方法。

（2）监测对象

包括空气、水体（江、河、湖、海及地下水）、土壤、固体废物、生物等客体，只有对这些客体进行综合分析，才能准确描述环境质量状况。

（3）监测数据的处理

对监测数据进行统计处理、综合分析时，须涉及该地区的自然和社会方面的情况。因此，必须综合考量才能正确阐明数据的内涵。

2. 环境监测的连续性

由于环境污染具有时空性等特点，因此，只有坚持长期测定，才能从大量的数据中揭示其变化规律，预测其变化趋势。数据样本越多，预测的准确度就越高。因此，监测网络、监测点位的选择一定要科学，而且一旦监测点位的代表性得到确认，必须坚持长期监测，以保证前后数据的可比性。

3. 环境监测的追踪性

环境监测包括监测目的的确定、监测计划的制订、采样、样品运送和保存、实验室测定到的数据整理等过程，是一个复杂而又有联系的系统，任何一步的差错都将影响最终数据的质量。特别是区域性的大型监测，由于参加人员众多，实验室和仪器不同，必然会存在技术和管理水平不同。为使监测结果具有一定的准确性，并使数据具有可比性、代表性和完整性，需要建立环境监测的质量保证体系，以对监测量值追踪体系予以监督。

三、环境监测技术

监测技术包括采样技术、测试技术和数据处理技术。关于采样以及噪声、放射性等方面的监测技术将在后面有关项目和任务中叙述，这里以污染物的测试技术为重点做一概述。

（一）化学分析法

化学分析法用于对污染组分的化学分析，包括容量分析（酸碱滴定、氧化还原滴定、络合滴定和沉淀滴定）和重量分析。容量分析被广泛应用于水中酸度、碱度、化学需氧量、溶解氧、硫化物、氧化物的测定；重量法常用于残渣、降尘、油类、硫酸盐等的测定。这类方法的主要特点为准确度高，相对误差一般为 0.2%，所需仪器设备简单，但是灵敏度低，适用于高含量组分的测定，对微量、痕量组分则不宜使用。

（二）仪器分析法

仪器分析法种类很多，其原理多为物理和物理化学原理，是污染物分析中采用最多的方法，可用于污染物化学组分分析和其他污染因素强度的测定。它包括光谱分析法（可见分光光度法、紫外分光光度法、红外光谱法、原子吸收光谱法、原子发射光谱法、X荧光射线分析法、荧光分析法、化学发光分析法等）、色谱分析法（气相色谱法、高效液相色谱法、薄层色谱法、离子色谱法、色谱质谱联用技术）、电化学分析法（极谱法、溶出伏安法、电导分析法、电位分析法、离子选择电极法、库仑分析法）、放射分析法（同位素稀释法、中子活化分析法）和流动注射分析法等。仪器分析方法被广泛应用于对环境污染物进行定性和定量的测定，如分光光度法常用于大部分金属、无机非金属的测定，气相色谱法常用于有机物的测定，对于污染物状态和结构的分析常采用紫外光谱、红外光谱、质谱及核磁共振等技术。仪器分析法的共同特点是：灵敏度高，可用于微量或痕量组分的分析；选择性强，对试样预处理简单；响应速度快，容易实现连续自动测定；有些仪器组合使用效果更好。

（三）生物监测法

生物（微生物）法是利用生物个体、种群或群落对环境污染或变化所产生的反应阐明环境污染状况，从生物学角度为环境质量的监测和评价提供依据的一种方法，也叫生物监测法。生物监测手段很多，包括生物体内污染物含量的测定，观察生物在环境中受伤害症状、生物的生理生化反应、生物群落结构和种类变化等，可用于大气与水体污染生物监测。一般地讲，生物监测应与化学、仪器监测结合起来，才能取得更好的效果。

四、环境优先污染物和优先监测

有毒化学污染物的监测和控制，无疑是环境监测的重点。世界上已知的化学品有700

万种之多，而进入环境的化学物质已达 10 万种以上。因此，不论是从人力、物力、财力还是从化学毒物的危害程度和出现频率的实际情况看，任何一个实验室都不可能对每种化学品都进行监测、实行控制，而只能有重点、针对性地对部分污染物进行监测和控制。这就必须确定一个筛选原则，对众多有毒污染物进行分级排队，从中筛选出潜在危害性大，在环境中出现频率高的污染物作为监测和控制对象。这一筛选过程就是数学上的优先过程，经过优先选择的污染物称为环境优先污染物，简称为优先污染物。对优先污染物进行的监测称为优先监测。

在初期，人们控制污染的主要对象是一些进入环境数量大（或浓度高）、毒性强的物质如重金属等，其毒性多以急性毒性反映，且数据容易获得。而有机污染物则由于种类多、含量低、分析水平有限，故以综合指标 COD、BOD、TOD 等来反映。但随着生产和科学技术的发展，人们逐渐认识到一批有毒污染物（其中绝大部分是有机物）可在极低的浓度下在生物体内累积，对人体健康和环境造成严重的甚至不可逆的影响。许多痕量有毒有机物对综合指标 COD、BOD、TOD 等贡献甚小，但对环境的危害很大。此时，常用的综合指标已不能反映有机污染状况。这些就是需要优先控制的污染物，它们具有如下特点：难以降解，在环境中有一定残留水平，出现频率较高，具有生物积累性，是"三致"物质（致癌、致畸、致突变），毒性较大，为现代已有检出方法的污染物，等等。

五、环境监测的要求

为确保环境监测结果准确可靠，并能科学地反映实际，环境监测要满足以下几方面要求：

（一）代表性

主要是指要取得具有代表性的能够反映总体真实状况的样品，所以样品必须按照有关规定的要求、方法采集。

（二）完整性

主要是指强调总体工作规划要切实完成，既保证按预期计划取得具有系统性和连续性的有效样品，而且要无缺漏地获得这些样品的监测结果及有关信息。

（三）可比性

主要是指不同实验室之间、同一实验室不同人员之间、相同项目历年的资料之间可比。

(四) 准确性

主要是指测定值与真值的符合程度。

(五) 精密性

主要是指多次测定值要有良好的重复性和再现性。

第四节　环境标准

环境标准是为了保护人群健康、防治环境污染、促使生态良性循环，同时又合理利用资源，促进经济发展，依据环境保护法和有关政策，对有关环境的各项工作（例如有害成分含量及其排放源规定的限量阈值和技术规范）所做的规定。环境标准是政策、法规的具体体现。

一、环境标准的作用

(一) 环境标准是环境保护的工作目标

它是制订环境保护规划和计划的重要依据。

(二) 环境标准是判断环境质量和衡量环保工作优劣的准绳

评价一个地区环境质量的优劣、评价一个企业对环境的影响，只有与环境标准比较才有意义。

(三) 环境标准是执法的依据

不论是环境问题的诉讼、排污费的收取、污染治理的目标等执法的依据都是环境标准。

(四) 环境标准是组织现代化生产的重要手段和条件

通过实施标准可以制止任意排污，促使企业对污染进行治理和管理；采用先进的无污染、少污染工艺；更新设备；进行资源和能源的综合利用等。

总之，环境标准是环境管理的技术基础。

二、环境标准的分类和分级

我国环境标准分为环境质量标准、污染物排放标准（或污染控制标准）、环境基础标准、环境方法标准、环境标准物质标准和环保仪器、设备标准等六类。环境标准分为国家标准和地方标准两级，其中环境基础标准、环境方法标准和标准物质标准等只有国家标准，并需要尽可能与国际标准接轨。

（一）环境质量标准

环境质量标准是为了保护人类健康，维持生态平衡和保障社会物质财富，并考虑技术经济条件、对环境中有害物质和因素所做的限制性规定。它是衡量环境质量好坏、环保政策合适与否、环境管理成效的依据，也是制定污染物控制标准的基础。

（二）污染物控制标准

污染物控制标准是为了实现环境质量目标，结合技术经济条件和环境特点，对排入环境的有害物质或有害因素所做的控制规定。由于我国幅员辽阔，各地情况差别较大，因此不少省（市）制定了地方排放标准。地方标准应该符合以下两点：国家标准中所没有规定的项目；地方标准应严于国家标准，以起到补充、完善的作用。

（三）环境基础标准

环境基础标准是在环境标准化工作范围内，对有指导意义的符号、代号、指南、程序、规范等所做的统一规定，是制定其他环境标准的基础。

（四）环境方法标准

环境方法标准是在环境保护工作中以试验、检查、分析、抽样、统计计算为对象制定的标准。

（五）环境标准样品标准

环境标准样品是在环境保护工作中，用来标定仪器、验证测量方法、进行量值传递或质量控制的材料或物质。对这类材料或物质必须达到的要求所做的规定称为环境标准样品标准。

（六） 环保仪器、设备标准

这是为了保证污染治理设备的效率和环境监测数据的可靠性和可比性，对环境保护仪器、设备的技术要求所做的规定。

三、制定环境标准的原则

环境标准体现国家的技术经济政策，因此，它的制定要充分体现科学性和现实性相统一，才能满足既保证环境质量又促进国家经济技术发展的要求。

（一） 要有充分的科学依据

标准中指标值的确定，要以科学研究的结果为依据。如环境质量标准，要以环境质量基准为基础。所谓环境质量基准，是指经科学试验，确定污染物（或因素）不会对人或生物产生不良或有害影响的最大剂量或浓度。例如，经研究证实，大气中二氧化硫年平均浓度超过 0.115 毫克/立方米时对人体健康就会产生有害影响，这个浓度值就是大气中二氧化硫的基准。制定监测方法标准要对各种方法的准确度、精密度、干扰因素等进行试验。制定控制标准的技术措施和指标，要考虑它们的成熟程度、可行性及预期效果等。

（二） 既要技术先进又要经济合理

基准和标准是两个不同的概念。环境质量基准是由污染物（或因素）与人或生物之间的剂量反应关系确定的，不考虑社会、经济、技术等人为因素，也不随时间变化而变化。而环境质量标准是以环境质量基准为依据，注重社会、经济、技术等因素的影响，它既具有法律强制性，又可以根据技术、经济以及人们对环境保护的认识变化而不断修改、补充。

污染控制标准制定的焦点是如何正确处理技术先进和经济合理之间的矛盾，标准要定在最佳实用点上。这里有"最佳实用技术法"（简称 BPT 法）和"最佳可行技术法"（简称 BAT 法）两种。BPT 法是指工艺和技术可靠，从经济条件上国内能够普及的技术。BAT 法是指技术上证明可靠、经济上合理，但属于代表工艺改革和污染治理方向的技术。环境污染从根本上讲是资源、能源的浪费，因此标准应促使工矿企业进行技术改造，采用少污染、无污染的先进工艺。按照环境功能、企业类型、污染物危害程度、生产技术水平区别对待，这些也应在标准中明确规定或具体反映。

（三）与有关标准、规范、制度协调配套

质量标准与排放标准、排放标准与收费标准、国内标准与国际标准之间应该相互协调，这样才能有效地贯彻执行。

（四）积极采用或等效采用国际标准

一个国家的标准反映该国的技术、经济和管理水平。积极采用或等效采用国际标准，是我国重要的技术经济政策，也是技术引进的重要部分，通过国际标准，能了解当前国际先进技术水平和发展趋势。

四、水质标准

水是一切生物生存的前提，水质污染是环境污染主要的方面之一。目前我国已经颁布的水质标准主要有水环境质量标准与排放标准。

水环境质量标准包括地表水环境质量标准、海水水质标准、生活饮用水卫生标准、渔业水质标准、农田灌溉用水水质标准等。

排放标准包括污水综合排放标准、医院污水排放标准和一批工业水污染物排放标准，例如，造纸工业水污染物排放标准、甘蔗制糖工业水污染物排放标准、石油炼制工业水污染物排放标准、纺织染整工业水污染物排放标准等。

根据技术、经济及社会发展情况，标准通常几年修订一次，但每一标准的标准号通常是不变的，仅改变发布年份，新标准自然替代老标准。

（一）地表水环境质量标准

地表水环境质量标准适用于全国领域内江河、湖泊、运河、渠道、水库等具有使用功能的地表水域。具有特定功能的水域，执行相应的专业用水水质标准。制定地表水环境质量标准的目的是保障人体健康，维护生态平衡，保护水资源，控制水污染，改善地表水质量和促进生产。依据地表水水域环境功能和保护目标，控制功能高低依次划分为五类：

Ⅰ类：主要适用于源头水、国家自然保护区。

Ⅱ类：主要适用于集中式生活饮用水地表水源地一级保护区、珍稀水生生物栖息地、鱼虾类产卵场、仔稚幼鱼的索饵场等。

Ⅲ类：主要适用于集中式生活饮用水地表水源地二级保护区、鱼虾类越冬场、洄游通道、水产养殖区等渔业水域及游泳区。

Ⅳ类：主要适用于一般工业用水区及人体非直接接触的娱乐用水区。

Ⅴ类：主要适用于农业用水区及一般景观要求水域。

对应地表水上述五类水域功能，将地表水环境质量标准基本项目标准值分为五类，不同功能类别分别执行相应类别的标准值。水域功能类别高的标准值严于水域功能类别低的标准值。同一水域兼有多类使用功能的，执行最高功能类别对应的标准值。实现水域功能与达到功能类别标准为同一含义。

（二）生活饮用水卫生标准

目前我国有生活饮用水卫生标准和由卫计委颁布的《生活饮用水水质卫生规范》，其中后者与世界卫生组织（WHO）的《饮用水水质指南》基本接轨，它包括生活饮用水水质常规检验项目及限值 34 项，生活饮用水水质非常规检验项目及限值 62 项，共有 96 项指标。规范中对生活饮用水水源水质和监测方法均做了详细规定。

生活饮用水是指由集中式供水单位直接供给居民的饮水和生活用水，该水的水质必须确保居民终生饮用安全，它与人体健康有直接关系。集中式供水指由水源集中取水，经统一净化处理和消毒后，由输水管网送到用户的供水方式，它可以由城建部门建设，也可以由单位自建。其制定标准的原则和方法基本上与地表水环境质量标准相同，所不同的是饮用水不存在自净问题，因此无 BOD、DO 等指标。

细菌总数是指 1 毫升水样在营养琼脂培养基上，于 37℃ 环境下经 24 小时培养后生长的细菌菌落总数。细菌不一定都有害，因此这一指标主要反映微生物情况。

对人体健康有害的病菌很多，如果在标准中一一列出，那么不仅在制定标准而且在执行标准过程中会带来很多困难，因此在实际应用中只需选择一种在消毒过程中抗消毒剂能力最强、在环境水域中最常见（即有代表性）、监测方法容易的细菌为代表。大肠菌群是一种需氧及兼性厌氧在 37℃ 环境下生长时能使乳糖发酵，在 24 小时内产酸、产气的革兰氏阴性无芽孢杆菌，有动物生存的有关水域中常见，它对消毒剂的抵抗能力大于伤寒、副伤寒、痢疾杆菌等，通常它的浓度降低到每升 13 个时，其他病原菌均已被杀死（但对肝炎病毒不一定有效），因此以它作为代表比较合适。

（三）污水综合排放标准

污水排放标准是为了保证环境水体质量，对排放污水的一切企、事业单位所做的规定。这里可以是浓度控制，也可以是总量控制。前者执行方便，后者是基于受纳水体的功能和实际，得到允许总量，再予以分配的方法，它更科学，但实际执行较困难。发达国家大多采用排污许可证和行业排放标准相结合的方法，这是以总量控制为基础的双重控制，许可证规定了在有效期内向指定受纳水体排放限定的污染物种类和数量，实际是以总量为基础，而行业排放标准则是根据各行业特点来制定，符合生产实际。这种方法需要大量的基础研究为前提，例如美国有超过 100 个行业标准，每个行业下还有很多子类。中国由于基础工作尚有待完善，总体上采用按收纳水体的功能区类别分类规定排放标准值、重点行业实行行业排放标准，非重点行业执行综合污水排放标准，分时段、分级控制。部分地区也已实施排污许可证制度，总体上逐步与国际接轨。

污水综合排放标准适用于排放污水和废水的一切企、事业单位。按地表水域使用功能要求和污水排放去向，分别执行一、二、三级标准，对于保护区禁止新建排污口，已有的排污口应按水体功能要求，实行污染物总量控制。

五、大气标准

我国已颁发的大气标准主要有大气环境质量标准、大气污染物最高允许浓度、室内空气质量标准、居民区大气中有害物质最高允许浓度、车间空气中有害物质的最高允许浓度、饮食业油烟排放标准、锅炉大气污染物排放标准、工业炉窑大气污染物排放标准、汽车污染物排放标准、恶臭污染物排放标准和一些行业排放标准中有关气体污染物的排放限值。

大气环境质量标准的制定目的是控制和改善大气质量，为人民生活和生产创造清洁适宜的环境，防止生态破坏，保护人民健康，促进经济发展。

（一）标准分为三级

1. 一级标准

为保护自然生态和人群健康，在长期接触情况下，不发生任何危害影响的空气质量要求。

2. 二级标准

为保护人群健康和城市、乡村的动植物，在长期和短期的情况下，不发生伤害的空气质量要求。

3. 三级标准

为保护人群不发生急、慢性中毒和城市一般动植物（敏感者除外）能正常生长的空气质量要求。

（二）三类地区

根据地区的地理、气候、生态、政治、经济和大气污染程度，又划分有三类地区：

1. 一类区

有国家规定的自然保护区、风景游览区、名胜古迹和疗养地等。

2. 二类区

有城市规划中确定的居民区、商业交通居民混合区、文化区、名胜古迹区和农村村寨。

3. 三类区

有大气污染程度比较重的城镇和工业区以及城市交通枢纽、干线等。

标准规定一类区一般执行一级标准，二类区一般执行二级标准，三类区一般执行三级标准。

第二章　水和废水监测

第一节　水污染与水样采集

一、概述

（一）水资源与水污染

1. 水资源现状

水是人类社会的宝贵资源，分布于由海洋、江、河、湖和地下水、大气水分及冰川共同构成的地球水圈中。水体是河流、湖泊、沼泽、冰川、海洋及地下水的总称，它不仅包括水，也包括水中的悬浮物、底泥及水生生物。从自然地理的角度看，水体是指地表被水覆盖的自然综合体。

我们所居住的巨大地球，其表面大部分被蓝色的海洋所覆盖。据估计，地球上的总水量有 13.86 亿立方千米，1.26 亿亿吨。其中，海水约占 97.4%，淡水约占 2.6%。淡水不但占的比例小，而且大部分存在于地球南北极的冰川、冰盖中，可利用的淡水资源只有河流、淡水湖和地下水的一部分，总计不到总量的 1%。

水是人类维系生命、赖以生存的主要物质之一，除供饮用外，更大量地用于生活、工农业生产和城市发展。随着世界人口的增长及工农业生产的发展，用水量也在日益增加。工业发达国家的用水量几乎每十年翻一番。我国属于贫水国家，人均占有量约 2500 立方米/年，只相当于世界人均占有量的 1/4，低于世界上多数国家。另一方面，未经处理的废水、废物排入水体造成人为污染，又使可用水量急剧减少。目前世界上一些用水集中的城市已经面临或进入了水资源危机阶段。因此，水不是"取之不尽，用之不竭"的，而是一种十分珍贵的自然资源。

不仅如此，我国的水资源还存在着严重的时空分布不均衡，在空间（地区）分布上，总的说来是东南多、西北少，南方长江流域和珠江流域水量丰富，而北方少雨干旱。根据多年降水量和径流量的多少，可将全国分为丰水带、多水带、过渡带、少水带和缺水带五带。在时间分布上，由于我国大部分地区的降水量和径流量主要受季风气候的影响，南方各省汛期四个月的降水量占该地区全年降水量的一半，北方及西南各省汛期降水量占该地区全年降水量的70%~80%。这就导致降水量年内分配不均，年际变化很大，总的来说是冬春少雨，夏秋多雨，有时还连续出现枯水年和丰水年的现象，更给水资源的利用增加了困难。

综上所述，根据我国水资源的分布情况，合理节约用水，控制水体污染，保护水资源，已是迫在眉睫的问题。

2. 水体污染

当进入水体中的污染物含量超过了水体的自净能力，就会导致水体的物理、化学及生物特性发生改变和水质恶化，从而影响水的有效利用，危害人类健康，这种现象被称为水体污染。与自然过程相比，人类活动是造成水体污染的主要原因。按排放形式不同，可将水体污染源分为两大类：点污染源和面污染源。引起水体污染的主要污染源有工业废水、矿山废水和生活污水等，这些废水常通过排水管道集中排出，故被称为点污染源。农田排水及地表径流是分散地、成片地排入水体的，其中往往含有化肥、农药、石油及其他杂质，形成所谓的面污染源。面污染源在某些地区及某些污染的形成上，愈来愈势不可挡。

根据污染物质及其形成污染的性质，水体污染可分为化学型污染、物理型污染和生物型污染三种主要类型。

化学型污染指随废水及其他废弃物排入水体的酸、碱、有机和无机污染物造成的水体污染。

物理型污染包括色度和浊度物质污染、悬浮固体污染、热污染和放射性污染。色度和浊度物质污染来源于植物的叶、根、腐殖质、可溶性矿物质、泥沙及有色废水等；悬浮固体污染是由于生活污水、垃圾和一些工农业生产排放的废物泄入水体或因农田水土流失引起的；热污染是由于将高于常温的废水、冷却水排入水体造成的；放射性污染是由于开采、使用放射性物质及核试验的过程中产生的废水、沉降物进入水体造成的。

生物型污染是由于将生活污水、医院污水等排入水体，随之引入某些病原微生物造成的。

污染物进入水体，首先被大量水稀释，随后进行一系列复杂的物理、化学变化和生物转化，这些变化包括挥发、絮凝、水解、络合、氧化还原及被微生物降解等，其结果使污染物浓度降低，并发生质的变化，该过程称为水体自净。但是，当污染物不断地排入，超过水体的自净能力时，就会造成污染物积累，导致水质日趋恶化。

（二）水质监测的对象和目的

水质监测可分为环境水体监测和水污染源监测。环境水体包括地表水（江、河、湖、库、海水）和地下水。

进行监测的目的可概括为以下几方面：

1. 对进入江、河、湖泊、水库、海洋等地表水体的污染物质及渗透到地下水中污染物质进行经常性的监测，以掌握水质现状及其发展趋势。

2. 对生产过程、生活设施及其他排放源排放的各类废水进行监视性监测，为污染源管理和排污收费提供依据。

3. 对水环境污染事故进行应急监测，为分析判断事故原因、危害及采取对策提供依据。

4. 为国家政府部门制定环境保护法规、标准和规划，全面开展环境保护管理工作提供有关数据和资料。

5. 为开展水环境质量评价、预测、预报及进行环境科学研究提供基础数据和手段。

（三）水质监测项目

监测项目依据水体功能和污染源的类型不同而异，水质监测的项目包括物理、化学和生物三方面的监测项目，其数量繁多，但受人力、物力、经费等各种条件的限制，不可能也没必要一一监测，应根据实际情况，选择环境标准中要求控制的危害大、影响范围广并已建立可靠分析测定方法的项目进行监测。根据该原则，发达国家相继提出优先监测污染物。

（四）水质监测分析方法

正确选择监测分析方法，是获得正确结果的关键因素之一。选择分析方法应遵循的原则是：灵敏度能满足定量要求；方法成熟、准确；操作简便，易于普及；抗干扰能力好。根据上述原则，为使监测数据具有可比性，各国在大量实践的基础上，对各类水体中的不同污染物质都编制了相应的分析方法。这些方法有以下三个层次，它们相互补充，构成完整的监测分析方法体系。

1. 国家标准分析方法

我国已编制多项包括采样在内的标准分析方法，这是一些比较经典、准确度较高的方法，是环境污染纠纷法定的仲裁方法，也是用于评价其他分析方法的基准方法。

2. 统一分析方法

有些项目的监测方法尚不够成熟，但这些项目又亟须测定，因此经过研究，作为统一方法予以推广，在使用中积累经验，不断完善，为上升为国家标准方法创造条件。

3. 等效方法

与前两类方法的灵敏度、准确度具有可比性的分析方法称为等效方法。这类方法可能采用新的技术，应鼓励有条件的单位先采用，以推动监测技术的进步。但是，新方法必须经过方法验证和对比实验，证明其与标准分析方法或统一分析方法是等效的才能使用。

按照监测方法所依据的原理，水质监测常用的方法有化学法、电化学法、原子吸收分光光度法、离子色谱法、气相色谱法、等离子体发射光谱（ICP-AES）法等。其中，化学法（包括重量法、容量滴定法和分光光度法）目前在国内外水质常规监测中被普遍采用，占各项目测定方法总数的50%以上。

（五）排污总量测量方法

污水（废水）排放总量是指通过排污口排出的污水量，通常以每日或每年排出的数量表示，利用测定流量×排污时间来计算。如果需要某一类污染物的排放总量，则需要测定污染物的浓度，然后利用浓度×污水排放量来计算。所以，排污总量测量的核心是进行流量测定。

1. 流量测量原则

①污染源的污水排放渠道，在已知其"流量—时间"排放曲线波动较小，用瞬时流量代表平均流量所引起的误差被允许时（小于10%），则在某一时段内的任意时间测得的瞬时流量乘以该时段的时间即为该时段的流量。

②如排放污水的"流量—时间"排放曲线虽有明显波动，但其波动有固定的规律，可以用该时段中几个等时间间隔的瞬时流量来计算出平均流量，则可定时进行瞬时流量测定，在计算出平均流量后再乘以时间得到流量。

③如排放污水的"流量—时间"排放曲线，既有明显波动又无规律可循，则必须连续测定流量，流量对时间的积分即为总流量。

2. 流量测量方法

①污水流量计法：污水流量计的性能指标必须满足污水流量计技术要求。

②其他测流量方法。

a. 容积法：将污水纳入已知容量的容器中，测定其充满容器所需要的时间，从而计算污水量的方法。本方法简单易行，测量精度较高，适用于计量污水量较小的连续或间歇排放的污水，但要求溢流口与受纳水体应有适当落差或能用导水管形成落差。

b. 流速仪法：通过测量排污渠道的过水截面，以流速仪测量污水流速，计算污水量。多数用于渠道较宽的污水量测量。测量时需要根据渠道深度和宽度确定点位垂直测点数和水平测点数。该方法简单，但易受污水水质影响，难用于污水量的连续测定。排污截面底部须硬质平滑，截面形状为规则几何形，排污口处须有3~5米的平直过流水段，且水位高度不小于0.1米。

c. 溢流堰法：是在固定形状的渠道上安装特定形状的开口堰板，过堰水头与流量有固定关系，据此测量污水流量。根据污水量大小可选择三角堰、矩形堰、梯形堰等。溢流堰法精度较高，在安装液位计后可实行连续自动测量。连续自动测量液位，已有的传感器有浮子式、电容式、超声波式和压力式等。利用堰板测流需注意，由于堰板的安装会造成一定的水头损失。另外，固体沉积物在堰前堆积或藻类等物质在堰板上黏附均会影响测量精度。在排放口处修建的明渠式测流段要符合流量堰（槽）的技术要求。

d. 量水槽法：在明渠或涵管内安装量水槽，测量其上游水位可以计量污水量。常用的量水槽有巴氏槽。用量水槽测量流量与溢流堰法测量流量相比，同样可以获得较高的精度（±2%~±5%）和进行连续自动测量，其特点为：水头损失小，壅水高度小，底部冲刷力大，不易沉积杂物，但造价较高，施工要求也较高。

以上方法均可选用，但在选定方法时，应注意各自的测量范围和所需条件。

在以上方法无法使用时，可用统计法。

③如污水为管道排放，应使用电磁式或其他类型的流量计定期进行计量检定。

二、水样的采集

（一）地表水样的采集

1. 采样前的准备

（1）容器的准备

容器的材质常常与水样产生相互作用，因此容器材质对水样在贮存期间的稳定性影响很大。容器材质与水样的相互作用有三方面：

①容器材质可溶于水样，如从塑料容器溶解下来的有机质和从玻璃容器溶解下来的钠、硅和硼等；

②容器材质可吸附水样中某些组分，如玻璃吸附痕量金属、塑料吸附有机质和痕量金属等；

③水样与容器直接发生化学反应，如水样中的氟化物与玻璃容器间的反应等。

为此，对水样容器及其材质的要求如下：

a. 容器材质的化学稳定性好，可保证水样的各组成成分在贮存期间不发生变化；

b. 抗极端温度，抗震性能好，容器大小、形状和质量适宜；

c. 能严密封口，且容易打开；

d. 材料易得，成本较低；

e. 容易清洗并可反复使用。

高压低密度聚乙烯塑料和硬质玻璃可满足上述要求。通常塑料容器用于测定金属和其他无机物的监测项目，玻璃容器用于测定有机物和生物等的监测项目。对特殊监测项目用的容器，可选用其他高级化学惰性材料制作。

（2）采样器的准备

采样前，选择合适的采样器，先用自来水冲去灰尘和其他杂物，再用酸或其他溶剂洗涤，最后用蒸馏水冲洗干净；如果是铁质采样器，要用洗涤剂彻底消除油污，再用自来水漂洗干净，晾干待用。

（3）交通工具的准备

最好有专用的监测船和采样船，如果没有，则需要根据水体和气候选用适当吨位的船只。根据交通条件，选用陆上交通工具。

2. 采样方法和采样器（或采水器）

（1）采样方法

①船只采样：利用船只到指定的地点，按深度要求，把采水器浸入水面下采样。船只采样比较灵活，适用于一般河流和水库的采样，但不容易固定采样地点，往往使数据不具有可比性。同时，一定要注意采样人员的安全。

②桥梁采样：确定采样断面应考虑交通方便，并尽量利用现有的桥梁采样。在桥上采样安全、可靠、方便，不受天气和洪水的影响，适合于频繁采样，并能在横向和纵向准确控制采样点位置。

③涉水采样：较浅的小河和靠近岸边水浅的采样点可涉水采样，但要避免搅动沉积物使水样受污染。涉水采样时，采样者应站在下游，向上游方向采集水样。

④索道采样：在地形复杂险要、地处偏僻处的小河流，可架索道采样。

（2）采样器

①水桶：水桶是塑料的，适于采集表层水。应注意不能混入漂浮于水面上的物质。正式采样前要用水样冲洗水桶2~3次。

②单层采水瓶：一个装在金属框内用绳索吊起的玻璃瓶，框底装有铅块，以增加重量，瓶口配塞，以绳索系牢，绳上标有高度，将样瓶降落到预定的深度，然后将细绳上提，把瓶塞打开，水样便充满样瓶。

③急流采水器：采集水样时，打开铁框的铁栏，将样瓶用橡皮塞塞紧，再把铁栏扣紧，然后沿船身垂直方向伸入水深处，打开钢管上部橡皮管的夹子，水样便从橡皮塞的长玻璃管流入样瓶中，瓶内空气由短玻璃管沿橡皮管排出。

④双层溶解气体采样瓶：将采样器沉入要求水深后，打开上部的橡胶管夹，水样进入小瓶并将空气驱入大瓶，从连接大瓶短玻璃管的橡胶管排出，直到大瓶中充满水样，提出

水面后迅速密封。

⑤其他采水器：如塑料手摇泵、电动采水泵等。

3. 水样的类型

（1）瞬时水样

瞬时水样指在某一时间和地点从水体中随机采集的分散水样。当水体水质稳定，或其组分在相当长的时间或相当大的空间范围内变化不大时，瞬时水样具有很好的代表性；当水体组分及含量随时间和空间变化时，就应隔时、多点采集瞬时水样，分别进行分析，摸清水质的变化规律。

（2）混合水样

在同一采样点于不同时间所采集的瞬时水样，有时称"时间混合水样"。这种水样在观察平均浓度时非常有用，但不适用于被测组分在贮存过程中发生明显变化的水样。

（3）综合水样

把不同采样点同时采集的各个瞬时水样混合后所得到的样品称综合水样。这种水样在某些情况下更具有实际意义。例如，当为几条废水河、渠建立综合处理厂时，以综合水样水质参数作为设计的依据更为合理。

（二）废水样品的采集

1. 采样方法

（1）浅水采样

可用容器直接采集，或用聚乙烯塑料长把勺采集。

（2）深层水采样

可使用专用的深层采水器采集，也可将聚乙烯筒固定在重架上，沉入要求深度采集。

（3）自动采样

采用自动采样器或连续自动定时采样器采集。

2. 废水样类型

（1）瞬时废水样

对于生产工艺连续、稳定的工厂，所排放废水中的污染组分及浓度变化不大，瞬时废水样具有较好的代表性。对于某些特殊情况，如废水中污染物质的平均浓度合格，而高峰排放浓度超标，这时也可间隔适当时间采集瞬时废水样，并分别测定，将结果绘制成浓度-时间关系曲线，以得知高峰排放时污染物的浓度，同时也可计算出平均浓度。

（2）平均废水样

由于工业废水的排放量和污染组分的浓度往往随时间起伏较大，为使监测结果具有代表性，需要增大采样和测定频率。

①平均混合水样：每隔相同时间采集等量废水样混合而成的水样，适于废水流量比较稳定的情况。

②平均比例混合水样：指在废水流量不稳定情况下，在不同时间依照流量大小按比例采集的混合水样。

有时需要同时采集几个排污口的废水样，并按比例混合，其监测结果代表采样时的综合排放浓度。

3. 采样的安全防护

在下水道、污水池、污水处理厂和污水泵站等部位采样时，必须注意下述危险：

①污水管道系统中爆炸性气体混合可能引起爆炸的危险；

②由毒性气体如硫化氢、一氧化碳等引起的中毒危险；

③由缺氧引起的窒息危险；

④致病生物引起的染病危险；

⑤登梯等造成的摔伤危险；

⑥溺水的危险；

⑦掉物砸伤的危险。

针对上述危险，应采取措施，配置相应的设备和仪器，避免危险的发生。

（三）地下水样的采用

地下水的水质比较稳定，一般采集瞬时水样，即能有较好的代表性。

①从监测井中采集水样常利用抽水机设备。

②对于自喷泉水，可在涌水口处直接采样。

③对于自来水，要先将水龙头完全打开，放水数分钟，排出管道中积存的死水后再采样。

（四）底质（沉积物）样品的采集

水、底质和水生生物组成了一个完整的水环境系统。底质的污染，是由于工厂、矿山等排放的废弃物，以及大气中污染物的沉降和蓄积而引起的，这些污染物通过农作物和底栖生物对人体健康产生有害影响。水质监测所取得的数据只能代表采样时那一短暂的水质状况，而对一些间隔时间较长、不连续排放的污染物，取样时不一定能够采集到，因此有必要进行水体底部沉积底泥的测定。底质的分析，有助于了解水体在过去较长的一段时间内，都有哪些污染物，它们被富集的程度怎样，这些污染物对水体将会发生怎样的危害。所以，测定底质，是了解水体的一种有效手段。水体沉积过程，也就是污染物的运动过程，有着一定的规律。在同一条河，不同的河段有不同的沉积过程，上游以冲刷为主，平缓的下游以沉积为主，在不同的季节亦然，丰水期的沉淀物粗，枯水期沉淀物细，沉积物分层，越靠下面的层年代越久、色越深，因此监测下部的沉积物有哪些物质，可以知道过去污染的情况。而且，一年形成一层，就可以采集各层沉积物，进行分层化验，了解污染的历史。这样不仅有助于评价水质污染程度，而且可根据水文等特点，预测未来发展趋势。

底质样品的采集监测是水环境监测的重要组成部分。底质对水质、水生生物有着明显的影响。底质监测数据是判断天然水是否被污染及污染程度的重要标志。

底质监测断面的设置原则与水质监测断面相同，其位置应尽可能与水质监测断面重合。由于底质比较稳定，受水文、气象条件影响较小，故采样频率远较水样低，可在枯水期采样 1 次，必要时在丰水期增采 1 次，采集量视监测项目、目的而定，一般为 1~2 千克。采集表层底质样品一般采用挖式（抓式）采样器或锥式采样器，前者适用于采样量较大的情况，后者适用于采样量少的情况。管式泥芯采样器用于采集柱状样品，以供监测底质中污染物的垂直分布情况。

第二节　物理性指标的检验

一、水温

水温是重要的水质物理指标，水的物理、化学性质与水温密切相关。水中的溶解性气体（溶解氧、二氧化碳）的溶解度、微生物的活动，甚至盐度、pH 值等，都受水温的影响。水温主要受气温和来源等因素的影响，一般来说，地下水温比较稳定，地表水表层水温随气温变化而变化，深层水温比较稳定，工业废水尤其是冷却水会造成水体热污染。水温为现场观测项目，常用的测量仪有水温计和颠倒温度计，前者用于浅层水温的测量，后者用于深层水温的测量。

（一）水温计法

水温计为安装于金属半圆槽壳内的水银温度计，下端连接一金属贮水杯，使温度计球部悬于杯中，温度计顶端的壳带——圆环，拴一定长度的绳子。通常测量范围为 -6~

+41℃，分度为 0.2℃。将水温计沉入一定深度的水中，放置 5 分钟后，迅速提出水面并读取温度值。必要时，重复沉入水中，再一次读数。

（二）颠倒温度计法

颠倒温度计由主温表和辅温表构成。主温表是双端式水银温度计，用于观测水温；辅温表为普通水银温度计，用于观测读取水温时的气温，以校正因环境温度改变而引起的主温表读数的变化。测量时，将其共同沉入预定深度水层，感温 7 分钟，提出水面后立即读数，根据主、辅温度表的读数，分别查主、辅温度表的器差表，得出相应的校正值。

二、色度

纯净的不受污染的水是无色而透明的，天然水经常显示各种不同的颜色。这些颜色主要来源于植物的叶、皮、根、腐殖质以及泥沙、矿物质等。工业废水的污染常使水色变得十分复杂。水色的存在，使饮用水外观有不洁之感，且会使工业产品质量降低，尤其对一些轻工业品如食品、造纸、纺织、饮料工业等影响较大，故需对此进行测定。水色可分"真色"和"表色"，水中悬浮物完全移去后的颜色称为"真色"，没有除去悬浮物时所呈现的颜色称为"表色"。水质分析中所表示的颜色，是指水的"真色"。故在测定前须先用澄清或离心沉降的方法除去水中的悬浮物，但不能用滤纸过滤，因滤纸能吸收部分颜色。有些水样含有颗粒较细的有机物或无机物质，不易用离心分离，只能测定水样的"表色"，这时需要在结果报告上注明。在清洁的或混浊度很低的水样中，水的"表色"与"真色"几乎完全相同。

（一）铂、钴比色法

该方法适用于较清洁的、带有黄色色调的天然水和饮用水的测定。用氯铂酸钾（K_2PtCl_6）与氯化钴（$CoCl_2 \cdot 6H_2O$）的混合溶液作为标准溶液，称为铂钴标准。每 1 升水中的铀含量为 0.01 毫克至 57 毫克，每 1 升水平均铀含量为 4.6 毫克。测定时用目视比较水样和铂钴标准，直接记录水样的色度。

（二）稀释倍数法

该方法适用于受工业废水污染的地表水和工业废水颜色的测定。测定时，首先用文字描述水样颜色的性质，如蓝色、黄色、灰色等，然后将废水水样用无色水稀释至将近无色，装入比色管中，水柱高 10 厘米，在白色背景上与同样高的蒸馏水比较，一直稀释至不能觉察出颜色为止。这个刚能觉察有色的最大稀释倍数，即为该水样的稀释倍数。用稀释倍数表示水样颜色的深浅，单位为倍。

三、浊度

浊度表示水中悬浮物对光线透过时所发生的阻碍程度。水中含有的泥土、粉沙、有机物、无机物、浮游生物和其他微生物等悬浮物和胶体物质都可以使水体呈现浊度。水的浊度大小不仅和水中颗粒物含量有关，而且和其粒径大小、形状及颗粒物表面对光散射特性等有密切关系。

（一）目视比浊法

将水样与用硅藻土配制的标准浊度溶液进行比较，以确定水样的浊度。测定时配制一系列浊度的标准溶液，其范围视水样浊度而定，取与浊度标准溶液等体积的水样摇匀，目视比较水样的浊度。

（二）分光光度法

该方法适用于天然水、饮用水浊度的测定。将一定量的硫酸肼与六次甲基四胺聚合，生成白色高分子聚合物，以此作为浊度标准溶液，配制浊度标准系列，在 680 纳米波长处分别测其吸光度，绘制吸光度－浊度标准曲线，再测水样的吸光度，从工作曲线上查得水样的浊度。如果水样经过稀释，要换算成原水样的浊度。此外，还有浊度计测定法，一般用于水体浊度的连续自动测定。

四、透明度

透明度是指水样的澄清程度。洁净的水是透明的，水中存在悬浮物和胶体时，透明度便降低，水中悬浮物越多其透明度就越低。透明度与浊度相反。透明度的测定方法有铅字法、塞氏盘法、十字法等。

（一）铅字法

本法适用于天然水或处理后的水。检验人员从透明度计的上方垂直向下观察，刚好能清楚地辨认出其底部的标准铅字印刷符号时的水柱高度（以厘米计）为该水的透明度。透明度计，是一种长 33 厘米、内径 2.5 厘米的玻璃筒，上面有以厘米为单位的刻度，筒底有一磨光的玻璃片。筒与玻璃片之间有一个胶皮圈，用金属夹固定。距玻璃底部 1~2 厘米处有一放水侧管。测定时将振荡均匀的水样立即倒入筒内至 30 厘米处，从筒口垂直向下观察，如不能清楚地看见印刷符号，要缓慢地放出水样，直到刚好能辨认出符号为止。

记录此时水柱高度的厘米数，估计至 0.5 厘米。

本法受检验人员的主观影响较大，照明等条件应尽可能一致，最好取多次或数人测定结果的平均值。

（二）塞氏盘法

这是一种现场测定透明度的方法。塞氏盘为直径 200 毫米、黑白各半的圆盘，将其沉入水中，以刚好看不到它时的水深（厘米）表示透明度。

（三）十字法

在内径为 30 毫米、长度为 0.5 米或 1.0 米的具有刻度的玻璃筒底部放一白瓷片，片中部有宽度为 1 毫米的黑色十字和 4 个直径为 1 毫米的黑点。将混匀的水样倒入筒内，从筒下部徐徐放水，直至明显地看到十字而看不到 4 个黑点为止，以此时的水柱高度（厘米）表示透明度。当高度达 1 米以上时即算透明。

五、臭

臭是检验原水和处理水的水质必测项目之一。水中臭主要来源于生活污水和工业废水中的污染物、天然物质的分解或与之有关的微生物活动。由于大多数臭太复杂，可检出浓度又太低，故难以分离和鉴定产臭物质。检验臭是评价水处理效果和追踪污染源的一种手段，臭的测定方法一般用定性描述法，测定要点如下：取 100 毫升水样注于 250 毫升锥形瓶中，检验人员依靠自己的嗅觉，分别在 20℃和煮沸稍冷后闻其臭，用适当的词语描述臭的特征，并按表 2-1 划分的等级报告臭强度。

表 2-1　臭强度等级

等级	强度	说明
0	无	无任何气味
1	微弱	一般饮用者难以察觉，嗅觉敏感者可以察觉
2	弱	一般饮用者刚能察觉
3	明显	已能明显察觉，不加处理不能饮用
4	强	有很明显的臭味
5	很强	有强烈的恶臭

六、残渣

残渣分为总残渣、总可滤残渣和总不可滤残渣三种。总残渣是水或废水在一定温度下蒸发、烘干后残留在器皿中的物质。总可滤残渣也称溶解性总固体，是指通过过滤器并在103℃～105℃烘干至恒重的固体残渣。总不可滤残渣指水样经过滤后留在过滤器上的固体物质，于103℃～105℃烘干至恒重得到的固体残渣。它们是表征水中溶解性物质、不溶性物质含量的指标，一般用称量法直接求出，三者的关系是：

$$总残渣 = 总可滤残渣 + 总不可滤残渣$$

（一）总残渣

其测定方法是取适量（如50毫升）振荡均匀的水样放在称至恒重的蒸发皿中，在蒸汽浴或水浴上蒸干，移入103℃～105℃烘箱内烘至恒重，增加的质量即为总残渣质量，计算如式（2-1）。

$$总残渣(毫克／升) = [(A - B) \times 1000 \times 1000]/V \qquad (2-1)$$

式中，A——总残渣和蒸发皿质量（克）；

B——蒸发皿质量（克）；

V——水样体积（毫升）。

（二）总不可滤残渣（悬浮物，SS）

总不可滤残渣又称悬浮物（SS），它是决定工业废水和生活污水能否直接排入公共水域或必须处理到何种程度才能排入水体的重要条件之一，主要包括不溶于水的泥沙、各种污染物、微生物及难溶无机物等。直接测量法是：选择一定型号的滤纸烘干至恒重，取一定量的（50毫升）水样过滤，再将滤纸及其残渣烘干至恒重，二者质量之差即为悬浮物质量，再除以水样的体积，单位为毫克/升。需要注意的是：

（1）慎重选择烘干温度、烘干时间。

（2）注意选择滤纸型号，前后测定滤纸要一致。

（3）树叶、棍棒等不均匀物质应从水样中除去。

（4）水样不宜保存，应尽快分析。

（5）如水样较清澈，可多取水样，最好使悬浮物质量为50～100毫克。

七、电导率

水的电导率与其所含无机酸、碱、盐的量有一定的关系，当它们的浓度较低时，电导率随浓度的增大而增加，因此，该指标常用于推测水中离子的总浓度或含盐量。如新鲜蒸馏水的电导率为0.5～2微西门子/厘米，但放置一段时间后，因吸收了二氧化碳，增加到2～4微西门子/厘米。金属导体的导电能力通常用电阻表示，电阻（R）与导电的性能

（电阻率 ρ）、导体的长度（L）和横截面面积（A）之间的关系，可用电阻定律表示：

$$R = \rho \cdot (L/A) \tag{2-2}$$

电解质溶液的导电能力通常用电导来表示。电导（G）实际上是电阻的倒数：$G = 1/R$，单位为西门子（S）。

水溶液的电阻随着离子数量的增加而减少。电阻减少，其倒数电导将增加。相距 1 厘米、截面 1 平方厘米的两极间所测得的电导称为电导率，它实际上是电阻率的倒数，单位为西门子/厘米（S/cm），通常用 K 表示。电导率与溶液中离子含量大致呈比例关系变化，因此，根据测定的电导率可间接地推测离解物质总浓度，其数值与阴离子、阳离子的含量有关。电导率 K 可按式（2-3）计算：

$$K = 1/\rho = (L/A)/R = Q/R \tag{2-3}$$

式中，$Q = L/A$ ——电导池常数，单位为 cm^{-1}。

由式（2-3）可知，当已知电导池常数（Q），并测出溶液电阻（R）时，即可求出电导率（K）。

水样的电导率用电导仪或电导率仪测定。首先，选用已知电导率（K）的标准氯化钾溶液，测出该溶液的电阻（R），求出电导仪的电导池常数（Q）；然后，测定水样的电阻，即可求出水样的电导率。若测定时水样温度不足 25℃，应用式（2-4）换算成 25℃时的电导率：

$$K_x^{25} = \frac{K_x^t}{1 + \alpha(t - 25)} \tag{2-4}$$

式中，K_x^{25} ——水样 25℃时的电导率（微西门子/厘米）；

K_x^t ——水样测定温度下的电导率（微西门子/厘米）；

α ——各种离子电导率的平均温度系数，取值 0.022（1/1℃）；

t ——测定时的水样温度（℃）。

八、矿化度

矿化度是水中所含无机矿物成分的总量，经常饮用低矿化度的水会破坏人体内碱金属和碱土金属离子的平衡，产生病变，饮用水中矿化度过高会导致结石症。矿化度是水化学成分测定的重要指标，用于评价水中总含盐量，是农田灌溉用水适用性主要评价指标之一，常用于天然水分析中主要被测离子总和的质量表示。对于严重污染的水样，由于其组成复杂，从本项测定中不易明确其含义，因此矿化度一般只用于天然水的测定。对于无污染的水样，测得的矿化度与该水样在 10℃ ~105℃时烘干的可滤残渣量相同。

矿化度的测定方法依目的的不同大致有重量法、电导法、阴阳离子加和法、离子交换法及比重计法等。重量法含义较明确，是较简单通用的方法。

水样经过滤去除漂浮物及沉降性固体物，放在称至恒重的蒸发皿内蒸干，并用过氧化氢去除有机物，然后在105℃～110℃下烘干至恒重，将称得重量减去蒸发皿重量即为矿化度。

$$矿化度 = (W - W_0) \times 10^6 / V \tag{2-5}$$

式中　W——蒸发皿及残渣的总重量（克）；

　　　W_0——蒸发皿重量（克）；

　　　V——水样体积（毫升）。

测定时应注意：

（1）对于高矿化度含有大量钙、镁、氯化物或硝酸盐的水样，可加入10毫升2%～4%的碳酸钠溶液，使钙、镁的氯化物及硫酸盐转变为碳酸盐及钠盐，在水浴上蒸干后，在150℃～180℃下烘干2～3小时即可称至恒重。所加入的碳酸钠量应从盐分总量中减去。

（2）用过氧化氢去除有机物应少量多次，每次使残渣润湿即可，以防有机物与过氧化氢作用分解时泡沫过多，发生盐分溅失。一般情况下应处理到残渣完全变白，但当铁存在时，残渣呈黄色，若多次处理仍不褪色，即可停止处理。

（3）清亮水样不必过滤，浑浊及有漂浮物时必须过滤。如果水样中有腐蚀性物质存在时，应使用砂芯玻璃坩埚抽滤。

第三节　无机污染物的测定

一、金属及其化合物的测定

水体中的金属元素有些是人体健康必需的常量元素和微量元素，有些是有害于人体健康的，如汞、镉、铅、铜、锌、镍、钡、钒、砷等。受"三废"污染的地表水和工业废水中有害金属化合物的含量往往较多。

有害金属侵入人体的肌体后，将会使某些酶失去活性而出现不同程度的中毒症状，其毒性大小与金属种类、理化性质、浓度及存在的价态有关。例如，汞、铅、镉、铬及其化合物是对人体健康产生长远影响的有害金属，汞、铅、砷、锡等金属的有机化合物比相应的无机化合物毒性要强得多，可溶性金属要比颗粒态金属毒性大，六价铬比三价铬毒性大等。

由于金属以不同形态存在时其毒性大小不同，所以可以分别测定可过滤金属、不可过滤金属和金属总量。可过滤态指能通过孔径0.45微米微孔滤膜的部分；不可过滤态指不能通过 0.45 微米微孔滤膜的部分，金属总量是不经过滤的水样经消解后测得的金属含量，应是可过滤金属与不可过滤金属之和。

测定水体中金属元素广泛采用的方法有分光光度法、原子吸收分光光度法、阳极溶出伏安法及容量法，尤以前两种方法用得较多；容量法用于常量金属的测定。

下面介绍几种具有代表性的有害金属的测定方法。

（一）汞的测定

汞及其化合物都有毒，无机盐中以氯化汞毒性最大，有机汞中以甲基汞、乙基汞毒性最大。汞是唯一一个常温下呈液态的金属，具有较高的蒸气压而容易挥发，汞蒸气可由呼吸道进入人体，液体汞亦可为皮肤吸收，汞盐可以粉尘状态经呼吸道或消化道进入人体，食用被汞污染的食物可造成危险的慢性汞中毒。水中微量汞可经食物链作用而成百万倍地富集，工业废水的无机汞可与其他无机离子反应形成沉积物沉于江河湖泊的底部，与有机分子形成可溶性有机配合物，结果使汞能够在这些水体中迅速扩散，通过水中的厌氧微生物作用，转化为甲基汞，从而增加了汞的脂溶性，且非常容易在鱼、虾、贝类等体内蓄积，人们食用这些水产品就会引起"水俣病"。该病消化道症状不明显，主要为神经系统症状，重者可有刺痛异样感，有动作失调、语言障碍、耳聋、视力模糊症状，以至精神紊乱、痴呆，死亡率可达 40%，且可造成幼儿先天性汞中毒。

（二）镉的测定

镉是毒性较大的金属之一。镉在天然水中的含量通常小于 0.01 毫克/升，低于饮用水的水质标准；天然海水中更低，因为镉主要在悬浮颗粒和底部沉积物中；水中镉的浓度很低，欲了解镉的污染情况，须对底泥进行测定。

镉污染不易分解和自然消化，在自然界中是累积的。废水中的可溶性镉被土壤吸收，形成土壤污染；土壤中可溶性镉又容易被植物吸收，造成食物中镉含量增加。人们食用这些食品后，镉也随之进入人体，分布到全身各器官，主要贮积在肝、肾、胰和甲状腺中；镉也会随尿排出，但持续时间长。

镉污染会产生同作用，加剧其他污染物的毒性。我国规定，镉及其无机化合物，工厂最高允许排放浓度为 0.1 毫克/升，并不得用稀释的方法代替必要的处理。镉污染主要来源于以下几方面：

①金属矿的开采和冶炼。镉属于稀有金属，天然矿物中镉与锌、铅、铜等共存，因此在矿石的浮选、冶炼、精炼等过程中会排出含镉的废水。

②化学工业中制造涤纶、涂料、塑料、试剂等的工厂企业在某些生产过程中使用镉或镉制品作为原料或催化剂，从而产生含镉的废水。

③生产轴承、弹簧、电光器械和金属制品等机械工业与电器、电镀、印染、农药、陶瓷、蓄电池、光电池、原子能工业部门排出的废水，亦含有不同程度的镉。

(三) 铅的测定

铅的污染主要来自铅矿的开采，含铅金属冶炼，橡胶生产，含铅油漆颜料的生产和使用，蓄电池厂的熔铅和制粉，印刷业的铅版、铅字的浇铸，电缆及铅管的制造，陶瓷的配釉，铅质玻璃的配料以及焊锡等工业排放的废水。汽车尾气排出的铅随降水进入地表水中，亦造成铅的污染。

铅通过消化道进入人体后，即积蓄于骨髓、肝、肾、脾、大脑等处，形成所谓"贮存库"，以后慢慢从中放出，通过血液扩散到全身并进入骨骼，引起严重的累积性中毒。世界上地表水中，天然铅的平均值大约是 0.5 微克/升，地下水中铅的浓度在 1~60 微克/升之间。当铅浓度达到 0.1 毫克/升时，可抑制水体的自净作用。铅进入水体中与其他重金属一样，一部分被水生生物浓集于体内，另一部分则随悬浮物絮凝沉淀于底质中，甚至在微生物的参与下可能转化为四甲基铅。

(四) 铜的测定

铜是人体所必需的微量元素，缺铜会发生贫血、腹泻等病症，但过量摄入铜亦会产生危害。铜对水生生物的危害较大，有人认为铜对鱼类的毒性浓度始于 0.002 毫克/升，但一般认为水体含铜 0.01 毫克/升对鱼类是安全的。铜对水生生物的毒性与其形态有关，游离铜离子的毒性比配合态铜大得多。

世界范围内，淡水平均含铜 3 微克/升，海水平均含铜 0.25 微克/升。铜的主要污染源是电镀、冶炼、五金加工、矿山开采、石油化工和化学工业等部门排放的废水。

(五) 锌的测定

锌也是人体必不可少的有益元素，每升水含数毫克锌对人体和温血动物无害，但对鱼类和其他水生生物影响较大。锌对鱼类的安全浓度为 0.1 毫克/升。此外，锌对水体的自净过程有一定抑制作用。锌的主要污染源是电镀、冶金、颜料及化工等部门排放的废水。原子吸收分光光度法测定锌灵敏度较高，干扰少，适用于各种水体。此外，还可选用双硫腙分光光度法、阳极溶出伏安法等。

在 pH 值为 4.0~5.5 的乙酸缓冲介质中，锌离子与双硫腙反应生成红色螯合物，用四氯化碳或三氯甲烷萃取后，于其最大吸收波长 535 纳米处，以四氯化碳做参比，测其经空白校正后的吸光度，用标准曲线法定量。水中存在的少量铋、镉、钴、汞、镍、亚锡等离子均产生干扰，采用硫代硫酸钠掩蔽和控制 pH 值来消除，这种方法称为混色测定法。如果上述干扰离子含量较大，混色法测定误差大，就需要使用单色法测定。单色法与混色法不同之处在于：将萃取有色螯合物后的有机相先用硫代硫酸钠-乙酸钠-硝酸混合液洗涤除去部分干扰离子，再用新配制的 0.04% 硫化钠洗去过量的双硫腙。

使用该方法时应确保样品不被污损。为此，必须使用无锌玻璃器皿并充分洗净，对试剂进行提纯和使用无锌水。

使用 20 毫米比色皿，混色法的最低检测浓度为 0.005 毫克/升。适用于天然水和轻度污染的地表水中锌的测定。

（六）铬的测定

铬存在于电镀、冶炼、制革、纺织、制药、炼油、化工等工业废水污染的水体中。富铬地区地表水径流中也含铬。自然形成的铬常以元素或三价状态存在。铬是人体必需的微量元素之一，金属铬对人体是无毒的，缺乏铬可引起动脉粥样硬化，所以天然的铬对人体造成的危害并不大。污染的水中铬有三价、六价两种价态，一般认为六价铬的毒性比三价铬高约 100 倍。即使是六价铬，不同的化合物其毒性也不一样，三价铬也是如此。三价铬是一种蛋白质凝固剂；六价铬更易为人体吸收，对消化道和皮肤具刺激性，而且可在体内蓄积，产生致癌作用。铬抑制水体的自净，累积于鱼体内可使水生生物致死。用含铬的水灌溉农作物，铬可富集于果实中。

（七）砷的测定

砷不溶于水，但溶于硝酸和热硫酸中。砷的可溶性化合物都极具毒性，三价砷化合物比五价砷化合物毒性更强。砷在饮用水中的最高允许浓度为 0.01ppm，口服三氧化二砷（As_2O_3）（俗称砒霜）5~10 毫克可造成急性中毒，致死量为 60~200 毫克。砷的浓度为 1~2 毫克/升时对鱼有毒。

地表水中砷的污染主要来源于硬质合金、染料、涂料、皮革、玻璃脱色、制药、农药、防腐剂等的工业废水，化学工业、矿业工业的副产品会含有气体砷化物。含砷废水进入水体中，一部分随悬浮物、铁锰胶体物沉积于水底沉积物中，另一部分存在于水中。

二、非金属无机物的测定

（一）pH 值的测定

pH 值是最常用的水质指标之一。天然水的 pH 值多在 6~9 范围内；饮用水 pH 值要求在 6.5~8.5；某些工业用水的 pH 值必须保持在 7.0~8.5，以防止金属设备和管道被腐蚀。

此外，pH 值在废水生化处理、评价有毒物质的毒性等方面也具有指导意义。

水体的酸污染主要来自冶金、搪瓷、电镀、轧钢、金属加工等工业的酸洗工序和人造纤维、酸法造纸排出的废水等。碱污染主要来源于碱法造纸、化学纤维、制碱、制革、炼油等工业废水。

测定水的 pH 值的方法有玻璃电极法和比色法。

比色法基于各种酸碱指示剂在不同 pH 值的水溶液显示不同的颜色，而每种指示剂都有一定的变色范围。该方法不适用于有色、浑浊或含较高游离氯、氧化剂、还原剂的水样。如果粗略地测定水样 pH 值，可使用 pH 试纸。

pH 值的测量方式和方法虽多，但都是依据上述原理来测定。

玻璃电极测定法准确、快速，且受水体色变、浊度、胶体物质、氧化剂、还原剂及盐度等因素的干扰程度小。

（二）溶解氧的测定

溶解氧就是指溶解于水中分子状态的氧，即水中的 O_2，以 DO 表示。溶解氧是水生生物生存不可缺少的条件。溶解氧的一个来源是水中溶解氧未饱和时，大气中的氧气向水体渗入；另一个来源是水中植物通过光合作用释放出的氧。溶解氧随着温度、气压、盐分的变化而变化。一般说来，温度越高，溶解的盐分越大，水中的溶解氧越低；气压越高，水中的溶解氧越高。溶解氧除了被水中硫化物、亚硝酸根、亚铁离子等还原性物质所消耗外，也被水中微生物的呼吸作用以及水中有机物质被好氧微生物氧化分解所消耗。所以说溶解氧是水体自净能力的指标。

天然水中溶解氧近于饱和值（9ppm），藻类繁殖旺盛时，溶解氧呈过饱和。水体受有机物及还原性物质污染，可使溶解氧降低，当 DO 值小于 4.5ppm 时，鱼类生活困难。当溶解氧消耗速率大于氧气向水体中溶入的速率时，DO 值可趋近于 0，厌氧菌得以繁殖，使水体恶化。所以溶解氧的高低，反映出水体受到污染特别是有机物污染的程度，它是水体污染程度的重要指标，也是衡量水质好坏的综合指标。

（三）氟化物的测定

氟在自然界广泛存在，是人体所必需的微量元素之一。饮用水中氟浓度在 1 毫克/升左右时，既能防止龋齿，又对人体健康无害。氟化物对人体的危害，主要是使骨骼受害，表现有上下肢长骨的疼痛，重者骨质疏松、增殖或变形，并易于发生自然性骨折，即所谓氟骨症；还可损害皮肤，表现有发痒、病痛、湿疹及各种皮炎等。

炼铝、玻璃、陶瓷、钢铁、磷肥、搪瓷等厂，都有含氟气体排出，煤炭燃烧时也有少量的氟排出，此外，还有不可忽视的粉尘，这些都给水体带来氟的污染。

（四）氰化物的测定

氰化物主要包括氢氰酸（HCN）及盐类（氰化钾、氰化钠）。氰化物是一种剧毒物质，也是一种应用广泛的重要工业原料，在天然物质如苦杏仁、枇杷仁、桃仁、木薯及白果中，均含有少量氰化钾（KCN）。一般在自然水体中不会出现氰化物，水体受到氰化物的污染，往往是由于工厂排放废水以及使用含有氰化物的杀虫剂所引起，它主要来源于金属、电镀、精炼、矿石浮选、炼焦、染料、制药、维生素、丙烯腈纤维制造、化工及塑料工业等。

人误服或在工作环境中吸入氰化物时，会造成中毒，主要原因是氰化物进入人体后，可与高铁型细胞色素氧化酶结合，变成氰化高铁型细胞色素氧化酶，使之失去传递氧的功能，引起组织缺氧而致中毒。

（五）含氮化合物的测定

在污水中除了大部分是含碳的有机物外，另一类是含氮的有机物。自然界的氮循环是平衡的，但由于人类的生产活动，大量含氮有机物和无机物被引入水体，这样由于量的变化，引起质的变化，破坏了氮的自然循环和平衡，影响生态环境。

含氮有机物（称为有机氮）最初进入水体时，具有很复杂的组成，但由于水中某些微生物的作用，能逐渐被分解，变成简单的化合物，例如，蛋白质分解成氨基酸及氨等。

（六）磷的测定

在天然水和废水中，磷几乎都以各种磷酸盐的形式存在，它们分为正磷酸盐、缩合磷酸盐（焦磷酸盐、偏磷酸盐和多磷酸盐）和有机结合的磷酸盐。它们存在于溶液中、腐殖质粒子中或水生生物中。

天然水中磷酸盐含量较少。化肥、冶炼、合成洗涤剂等行业的工业废水及生活污水中常含有较大量磷。磷是生物生长的必需元素之一，但水体中磷含量过高（如超过0.2毫克/升），可造成藻类的过度繁殖，直至数量上达到有害的程度（称为富营养化），造成湖泊、河流透明度降低，水质变坏。

1. 方法的选择

水中磷的测定，通常按其存在的形式，分别测定总磷、溶解性正磷酸盐和总溶解性磷，其中正磷酸盐的测定，可采用钼锑抗分光光度法、氯化亚锡还原钼蓝法、离子色谱法等。

2. 水样的消解

采集的水样立即用0.45微米微孔滤膜过滤，其滤液供可溶性正磷酸盐的测定。滤液经过消解，测得可溶性总磷含量。如取混合水样（包括悬浮物）直接消解，则可测得水中总磷的含量。

水样的消解方法主要有过硫酸钾消解法、硝酸–硫酸消解法、硝酸–高氯酸消解法等。

3. 钼锑抗分光光度法

在酸性条件下，正磷酸盐与铝酸铵、酒石酸锑氧钾反应，生成磷钼杂多酸，被还原剂抗坏血酸还原，生成蓝色配合物，通常称为丙磷钼蓝，于 700 纳米波长处进行比色分析。

4. 氯化亚锡还原光度法

在酸性条件下，正磷酸盐与钼酸铵反应，生成磷钼杂多酸。当加入还原剂氯化亚锡后，则转变成蓝色配合物，通常称为磷钼蓝，于 700 纳米波长处进行比色分析。

（七）硫化物的测定

地下水（特别是温泉水）及生活污水常含有硫化物，其中一部分是在厌氧条件下，由于微生物的作用，使硫酸盐还原或含硫有机物分解而产生的。焦化、造气、选矿、造纸、印染、制革等工业废水中亦含有硫化物。

通常所测定的硫化物指溶解性的及酸溶性的硫化物。硫化氢毒性很大，可危害细胞色素、氧化酶，造成细胞组织缺氧，甚至危及生命；它还腐蚀金属设备和管道，并可被微生物氧化成硫酸，加剧腐蚀性，因此，是水体是否被污染的重要指标。

第四节　有机污染综合指标的测定

一、化学需氧量（COD）的测定

化学需氧量是指水样在一定条件下，氧化 1 升水样中还原性物质所消耗的氧化剂的量，以氧的毫克/升表示。水中还原性物质包括有机物和亚硝酸盐、硫化物、亚铁盐等无机物。化学需氧量反映了水中受还原性物质污染的程度。基于水体被有机物污染是很普遍的现象，该指标也作为有机物相对含量的综合指标之一。

（一）重酸钾法（COD_{Cr}）

在强酸性溶液中，用重铬酸钾氧化水样中的还原性物质，过量的重铬酸钾以试亚铁灵作指示剂，用硫酸亚铁标准溶液回滴，根据其用量计算水样中还原性物质所消耗的氧量。

重铬酸钾氧化性很强，可将大部分有机物氧化，但吡啶不被氧化，芳香族有机物不易被氧化；挥发性直链脂肪族化合物、苯等存在于蒸气相，不能与氧化剂液体接触，氧化不明显。

（二）库仑滴定法

库仑滴定法采用重铬酸钾（$K_2Cr_2O_7$）为氧化剂，在 10.2 摩尔/升硫酸（H_2SO_4）介质中回流 15 分钟消化水解，消化后，剩余的重铬酸钾用电解产生的 Fe^{2+} 作为库仑滴定剂，进行库仑滴定。根据电解产生亚铁离子所消耗的电量，按照法拉第定律计算：

$$COD(氧，毫克／升) = \frac{Q_s - Q_m}{96487} \times \frac{8 \times 1000}{V} \qquad (2-6)$$

式中，Q_s——标定重铬酸钾所消耗的电量（空白滴定）；

Q_m——测定剩余重铬酸钾所消耗的电量；

V——水样体积（毫升）；

96487——法拉第常数。

库仑式 COD 测定仪具有简单的数据处理装置，最后显示的数值为 COD 值。此法简便快速，试剂用量少，简化了用标准溶液进行标定的手续，缩短了消化时间，氧化率与重铬酸钾法基本一致，应用范围比较广泛，可用于地表水和污水 COD 值的测定。

二、高锰酸盐指数的测定

高锰酸盐指数是指在一定条件下，以高锰酸钾为氧化剂，氧化水样中的还原性物质，所消耗的量以氧的毫克/升来表示。国际标准化组织（ISO）建议高锰酸盐指数仅限于测定地表水、饮用水和生活污水。

高锰酸盐指数的测定，操作简便，所需时间短，在一定程度上可以说明水体受有机物污染的情况，常被用于测定污染较轻的水样。按测定溶液的介质不同，分为酸性高锰酸钾法和碱性高锰酸钾法。当 Cl^- 含量高于 300 毫克/升时，应采用碱性高锰酸钾法。因为在碱性条件下，高锰酸钾的氧化能力比较弱，此时不能氧化水中的 Cl^-，故常用于测定含 Cl^- 浓度的水样。对于清洁的地表水和被污染的水体中 Cl^- 含量不高的水样，通常采用酸性高锰酸钾法。采用高锰酸钾法时，当高锰酸盐指数超过 5 毫克/升时，应少取水样并经稀释后再测定。

碱性高锰酸钾法的原理是：在碱性溶液中，加一定量高锰酸钾溶液于水样中，加热一定时间，以氧化水中的还原性无机物和部分有机物。加酸酸化后，用过量草酸钠溶液还原剩余的高锰酸钾，再以高锰酸钾溶液滴定至微红色。

化学需氧量和高锰酸盐指数是采用不同的氧化剂在各自的氧化条件下测定的，难以找出明显的相关关系。一般来说，重铬酸钾法的氧化率可达90%，而高锰酸钾法的氧化率为50%左右，两者均未完全氧化，因而都只是一个相对的参考数据。

三、生化需氧量（BOD）的测定

生化需氧量是指在有溶解氧的条件下，好氧微生物在分解水中有机物的生物化学氧化过程中所消耗的溶解氧量。同时，亦包括如硫化物、亚铁等还原性无机物质氧化所消耗的氧量，但这部分通常占很小比例。

从以上定义可以看到，水体要发生生物化学过程必须具备三个条件：①好氧微生物；②足够的溶解氧；③能被微生物利用的营养物质。

大量研究表明，有机物在好氧微生物的作用下分解大致分成两个阶段进行：第一阶段主要氧化分解碳水化合物及脂肪等一些易被氧化分解的有机物，氧化产物为二氧化碳和水，此阶段称碳化阶段。在20℃时，碳化阶段可进行16天左右。第二阶段中被氧化的对象为含氮的有机化合物，氧化产物为硝酸盐和亚硝酸盐，此阶段称为硝化阶段。虽然这两个阶段并不能截然分开，但是人们所关心的是第一阶段。目前资料或书籍中所遇到的BOD值，一般不是指硝化阶段BOD值，而是指碳化阶段BOD值。

用BOD值作为水质有机污染指标，是从英国开始的，以后逐渐被世界各国所采用。目前采用20℃培养5天进行测定，亦是从英国习惯沿袭下来的。当时考虑到英国河流夏天最高温度不超过18.3℃，5天是英国国内河流从发源地至入海口所需最长时间，同时考虑到5天内有更多有机物被氧化（生活污水氧化70%，工业废水氧化25%~90%），测定结果重复性好，测量误差也较小，同时又不致把硝化过程也包括在内。

造纸、食品、纤维等化学工业废水及城市排放的生活污水中，含有许多有机物，它们未经处理排入水体时，水体受到有机物污染，当有机物质被好氧微生物分解时，就会消耗水中的溶解氧。有机物含量高，溶解氧消耗多BOD值愈高，水质愈差。

（一）五日培养法

1. 方法原理

像测DO值一样，使用碘量法。对于污染轻的水样，取两份，一份测其当时的DO值；另一份在（20±1）℃下培养5天再测DO值，两者之差即为BOD_5值。

对于大多数污水来说，为保证水体生物化学过程所必需的三个条件，测定时就须按估计的污染程度适当地加特制的水稀释，然后取稀释后的水样两份，一份测其当时的DO值，另一份在（20±1）℃下培养5天再测DO值，同时测特制水培养前后的DO值，按公式计算BOD_5值。

2. 稀释水

上述特制的用于稀释水样的水，统称为稀释水，它是专门为满足水体生物化学过程的三个条件而配制的。配制时，取一定体积的蒸馏水，加氯化钙（$CaCl_2$）、氯化铁（$FeCl_3$）、硫酸镁（$MgSO_4$）等用于微生物繁殖的营养物，用磷酸盐缓冲液调 pH 值至 7.2，充分曝气，使溶解氧近饱和，达 8 毫克/升以上。水样中必须含有微生物，否则应在稀释水中加些生活污水或天然河水，以便为微生物接种。对于某些含有不易被一般微生物所分解的有机物的工业废水，需要进行微生物的驯化，这种被驯化的微生物种群最好从接受该种废水的水体中取得，为此可以在排水口以下 3~8 千米处取得水样，经培养接种到稀释水中；也可用人工方法驯化，采用一定量的生活污水，每天加入一定量的待测废水，连续曝气培养，直至培养成含有可分解废水中有机物种群为止。稀释水的 BOD_2 值必须小于 0.2 毫克/升，稀释水可在 20℃ 左右保存。

3. 水样的稀释

水样若非中性，则应先进行中和，再进行稀释培养。根据水样中有机物含量来选择适当的稀释倍数。对于清洁天然水和地表水，其溶解氧接近饱和，无须稀释。工业废水的稀释倍数由 COD 值分别乘以系数 0.075、0.15、0.25 获得。

在实践中，分析人员往往根据实践经验（样品的颜色、气味、来源及原来的监测资料）确定适当的稀释倍数。为了得到正确的 BOD_5 值，一般以经过稀释后的混合液在 20℃ 培养 5 天后的溶解氧残留量在 1 毫克/升以上，耗氧量在 2 毫克/升以上，这种稀释倍数最合适。如果各稀释倍数均能满足上述要求，则取其测定结果的平均值为 BOD_5 值；如果三个稀释倍数培养的水样均在上述范围以外，则应调整稀释倍数后重做。

4. 特殊水样的处理

如果遇到某些工业废水，含有毒物质浓度极高，而有机物含量不高，虽然经过接种稀释，但因稀释的倍数受到有机物含量的限制不能过分稀释，测定 BOD_5 值仍有困难时，可在污水中加入有机质（葡萄糖），人为提高稀释倍数，使稀释水样中有毒物质浓度稀释到不能抑制生化过程，在测定已加葡萄糖废水的稀释水样 BOD_5 值的同时，测定葡萄糖的 BOD_5 值，并在计算中减去此值。

水样中如含少量氯，一般放置 1~2 小时可自行消失；对游离氯短时间不能消散的水样，可加入亚硫酸钠除去，加入量由实验确定。培养时，应严格控制温度，保证在（20±1）℃ 之内，同时注意水封，每隔两小时检查一次。

（二）测定 BOD 值的其他方法

五日培养法（碘量法）作为测定 BOD 值的标准方法，存在操作复杂、重现性不好等缺点，而利用 BOD 测定仪就可克服这些缺点。目前，BOD 测定仪大致利用下列原理制成：

（1）用测定密封系统中由于氧气量的减少而引起的气压变化来测定 BOD 值。

（2）在密封系统中由于氧气量的减少用电解来补给，从电解所需的电量来求得氧的消耗量。

（3）用薄膜式溶解氧电极来求得生化过程中氧的消耗量。

四、总需氧量（TOD）的测定

总需氧量是指水中能被氧化的物质，主要是有机物质在燃烧中变成稳定的氧化物时所需要的氧量，结果以毫克/升表示。

用 TOD 测定仪测定 TOD 的原理是将一定量水样注入装有铂催化剂的石英燃烧管，通入含已知氧浓度的载气（氮气）作为原料气，则水样中的还原性物质在 900℃下被瞬间燃烧氧化。测定燃烧前后原料气中氧浓度的减少量，便可求得水样的总需氧量值。

TOD 值能反映几乎所有有机物质经燃烧后变成二氧化碳、水、氧化氮、二氧化硫等所需要的氧量，它比 BOD、COD 和高锰酸盐指数更接近于理论需氧量值，但它们之间没有固定的相关关系。有的研究者指出，BOD/TOD 值为 0.1~0.6，COD/TOD 值为 0.5~0.9，具体比值取决于废水的性质。

五、挥发酚的测定

根据酚类能否与水蒸气一起蒸出，分为挥发酚与不挥发酚。通常认为沸点在 230℃以下的为挥发酚（属一元酚），而沸点在 230℃以上的为不挥发酚。

酚属高毒物质，人体摄入一定量会出现急性中毒症状；长期饮用被酚污染的水，可引起头痛、出疹、瘙痒、贫血及神经系统障碍。当水中含酚大于 5 毫克/升时，就会使鱼中毒死亡。酚的主要污染源是炼油、焦化、煤气发生站，木材防腐及某些化工（如酚醛树脂）等工业废水。

目前各国普遍采用的是 4-氨基安替比林分光光度法，高浓度含酚废水可采用溴化容量法。无论是溴化容量法还是分光光度法，当水样存在氧化剂、还原剂、油类及某些金属离子时，均应设法消除并进行预蒸馏。如对游离氯加入硫酸亚铁还原；对硫化物加入硫酸铜使之沉淀，或者在酸性条件下使其以硫化氢形式逸出；对油类有机溶剂萃取除去等。蒸馏的作用有两个：一是分离出挥发酚，二是消除颜色、浑浊和金属离子等的干扰。

（一）4-氨基安替比林分光光度法

酚类化合物于 pH 值为 10.0±0.2 的介质中，在铁氰化钾的存在下，与 4-氨基安替比林（4-AAP）反应，生成橙红色的叫吲哚酚安替比林染料，在510纳米波长处有最大吸收，用比色法定量。显色反应受酚环上取代基的种类、位置、数目等影响，如对位被烷基、芳香基、酯、硝基、苯酰、亚硝基或醛基取代，而邻位未被取代的酚类，与4-氨基安替比林不产生显色反应。这是因为上述基团阻止酚类氧化成醌型结构所致，但对位被卤素、磺酸、羟基或甲氧基所取代的酚类与4-氨基安替比林发生显色反应。

（二）溴化容量

在含过量溴（由溴酸钾和溴化钾产生）的溶液中，酚与溴反应生成三溴酚，并进一步生成溴代三溴酚，剩余的溴与碘化钾作用释放出游离碘。与此同时，溴代三溴酚也与碘化钾反应置换出游离碘。用硫代硫酸钠标准溶液滴定释放出的游离碘，并根据其消耗量，计算出以苯酚计的挥发酚含量。

六、油类的测定

水中的矿物油来自工业废水和生活污水。工业废水中石油类（各种烃类的混合物）污染物主要来自原油开采、加工及各种炼制油的使用部门。矿物油漂浮在水体表面，影响空气与水体界面间的氧交换；分散于水中的油可被微生物氧化分解，消耗水中的溶解氧，使水质恶化。矿物油中还含有毒性大的芳烃类。

测定矿物油的方法有重量法、非色散红外法、紫外分光光度法、荧光法、比浊法等。

（一）重量法

重量法测定原理是以硫酸酸化水样，用石油醚萃取矿物油，然后蒸发除去石油醚，称量残渣质重，计算矿物油含量。

此法测定的是酸化样品中可被石油醚萃取且在试验过程中不挥发的物质总量。溶剂去除时，使得轻质油有明显的损失。由于石油醚对油有选择地溶解，因此石油中较重成分可能不为溶剂萃取，当然也无从测得。重量法是最常用的方法，它不受油品种的限制，但操作烦琐，受分析天平和烧杯质量的限制，灵敏度较低，只适合于测含油量较大的水样。

（二）非分散红外法

本法系利用石油类物质的甲基（-CH$_3$）、亚甲基（-CH2-）在近红外区（3.4微米）有特征吸收，作为测定水样中油含量的基础。标准油可采用受污染地点水中石油醚萃取物。

测定时，先用硫酸将水样酸化，加氯化钠破乳化，再用三氯三氟乙烷萃取，萃取液经无水硫酸钠层过滤，定容，注入红外分析仪测定其含量。测量前按仪器说明书规定调整和校准仪器。

所有含甲基、亚甲基的有机物质都将产生干扰。如水样中有动、植物油脂以及脂肪酸物质应预先将其分离。此外，石油中有些较重的组分不溶于三氯三氟乙烷，致使测定结果偏低。

（三）紫外分光光度法

石油及其产品在紫外区有特征吸收。带有苯环的芳香族化合物的主要吸收波长为250~260纳米；带有共轭双键的化合物主要吸收波长为215~230纳米。一般原油的两个吸收峰波长为225纳米和254纳米；轻质油及炼油厂的油品可选225纳米。

水样用硫酸酸化，加氯化钠破乳化，然后用石油醚萃取，脱水，定容后测定。标准油用受污染地点水样石油醚萃取物。不同油品特征吸收峰不同，如难以确定测定波长时，可用标准油在波长215~300纳米之间的吸收光谱，采用其最大吸收峰的波长。

七、其他有机污染物的测定

根据水体污染的不同情况，常常还需要测定阴离子洗涤剂、有机磷农药、有机氯农药、苯系物、氯苯类化合物、苯并［a］芘、多环芳烃、甲醛、三氯乙醛、苯胺类、硝基苯类等。这些物质除阴离子洗涤剂外，其他均为主要环境优先污染物，其监测方法多用气相色谱法和分光光度法。对于大分子量的多环芳烃、苯并［a］芘等要用液相色谱法或荧光分光光度法。其详细内容参阅有关水质分析方面的文献。

第五节　水质污染生物监测

水环境（河流、湖泊）是由栖息生物和水共同组成的复杂的动态平衡生态系统。污染物进入水环境，必然引起生物相和量的变化，并达到新的平衡。所以，不同污染状态的水质，有着不同种类和数量的生物。对某一特定环境条件特别敏感的生物，叫作指示生物。例如，河川、海洋等水体有着许多生物——细菌、原生动物、浮游动物、水生昆虫和鱼类等，而这些水生生物需要在一定条件下生存。因此，可根据水中生存的生物种类，判断水的污染程度。据此，调查不同水域生物的种类和数量，可以评价水质污染状况，这就是生物学水质监测方法的工作原理。

有机污染物和毒性污染物进入水体后，对水质、生物种类和数量以及指示生物群落演替等方面的影响，均有一定的规律性。在正常情况下，河流、湖泊存在着不同种类和数量的生物，其基本情况是种类多，但每种生物数量少。当河流受到污染时，随着污染物在河流中的变化，生物的相和量相应地发生下列一系列规律性变化：

①在污染最严重的河段，生物几乎绝迹，甚至微生物的数量都受到影响。

②随着河流污染程度的降低和污染物性质的变化，最耐污染的生物，如杂菌、污水丝状菌首先富集。此后，耐污染的藻类、原生动物以及寡毛类、疟蚊幼虫相继形成数量高峰。

③当水体自净到一定程度，耐污染种类形成的优势现象逐渐消失，取而代之的是种类繁多的生物。

④当各种清水性生物出现后，说明水质已恢复到正常状态。

总体来看，生物监测方法简便，而且在反映水体污染状况和污染物毒性方面又具有其独到之处，若将物理化学指标、细菌学指标和生物指标三者结合起来，就会对给定水域做出综合性、较全面的科学评价。

一、生物群落法

水生生物监测断面和采样点的布设，也应在对监测区域的自然环境和社会环境进行调查研究的基础上，遵循断面要有代表性，尽可能与化学监测断面相一致，并考虑水环境的整体性、监测工作的连续性和经济性等原则。对于河流，应根据其流经区域的长度，至少设上（对照）、中（污染）、下（观察）三个断面，采样点数视水面宽、水深、生物分布特点等确定。对于湖泊、水库，一般应在入湖（库）区、中心区、出口区、最深水区、清洁区等处设监测断面。

（一）污水生物系统法

该方法将受有机物污染的河流按其污染程度和自净过程划分为几个互相连续的污染带，每带生存着各自独特的生物（指示生物），据此评价水质状况。根据河流的污染程度，通常将其划分为四个污染带，即多污带、α-中污带、β-中污带和寡污带。

污水生物系统法注重用某些生物种群评价水体污染状况，需要熟练的生物学分类知识，工作量大，耗时多，并且有指示生物出现异常情况的现象，故给准确判断带来一定困难。环境生物学者根据生物种群结构变化与水体污染关系的研究成果，提出了生物指数法。

（二）生物指数法

生物指数法是指运用数学公式反映生物种群或群落结构的变化，以评价环境质量的数值的方法。贝克（Beek）1995 年首先提出一个简易的计算生物指数的方法，他将调查发现的底栖动物分成 A、B 两大类，A 为敏感种类，在污染状况下从未发现；B 为耐污种类，是在污染状况下才出现的动物。在此基础上，按式（2-6）计算生物指数：

$$生物指数(BI) = 2n \cdot A + n \cdot B \tag{2-6}$$

式中，n ——底栖大型无脊椎动物的种类。

当 BI 值为 0 时，属严重污染区域；BI 值为 1~6 时，为中等有机物污染区域；BI 值为 10~40 时，为清洁水区。

1974 年，津田松苗在对贝克指数进行多次修改的基础上，提出不限于在采集点采集，而是在拟评价或监测的河段把各种底栖大型无脊椎动物尽量采到，再用贝克公式计算，所得数值的关系为：BI 值大于 30，为清洁水区；BI 值为 15~29 时，为较清洁水区；BI 值为 6~14 时，为不清洁水区；BI 值为 0~5 时，为极不清洁水区。

沙农-威尔姆（Shannon-Wilhm）根据对底栖大型无脊椎动物的调查结果，提出用种类多样性指数评价水质。该指数的特点是能定量反映生物群落结构的种类、数量及群落中种类组成比例变化的信息。在清洁的环境中，通常生物种类极其多样，但由于竞争，各种生物又仅以有限的数量存在，且相互制约而维持着生态平衡。当水体受到污染后，不能适应的生物或者死亡淘汰或者逃离，能够适应的生物生存下来。由于竞争生物的减少，使生存下来的少数生物种类的个体数大大增加。这种清洁水域中生物种类多，每一种的个体数少，而污染水域中生物种类少，每一种的个体数大大增加的规律是建立种类多样性指数式的基础。沙农提出的种类多样性指数计算式如下：

$$\bar{d} = - \sum_{i=1}^{s} \frac{n_i}{N} \log_2 \frac{n_i}{N} \tag{2-7}$$

式中，$\bar{d}$ ——种类多样性指数；

N ——单位面积样品中收集到的各类动物的总个数；

n_i ——单位面积样品中第 i 种动物的个数；

S ——收集到的动物种类数。

式（2-7）表明动物种类越多，值越大，水质越好；反之，种类越少，值越小，水体污染越严重。

二、水质的细菌学测定

细菌能在各种不同的自然环境中生长，地表水、地下水，甚至雨水和雪水中都含有多种细菌，当水体受到人畜粪便、生活污水或某些工业废水污染时，细菌大量增加。因此，水的细菌学检验，特别是肠道细菌的检验，在卫生学上具有重要的意义。但是，直接检验水中各种病原菌，方法较复杂，有的难度大，且结果也不能保证绝对安全。所以，在实际工作中，经常以检验细菌总数特别是检验作为粪便污染的指示细菌，来间接判断水的卫生学质量。

（一）水样的采集

细菌学检验用水样，必须严格按照无菌操作要求进行，防止在运输过程中被污染，并应迅速进行检验。一般从采样到检验不宜超过 2 小时；在 10℃ 以下冷藏保存不得超过 6 小时。采样方法如下：

（1）采集自来水样，首先用酒精灯灼烧水龙头灭菌或用 70% 的酒精消毒，然后放水 3 分钟，再采集约为采样瓶容积的 80% 的水量。

（2）采集江、河、湖、库等水样，可将采样瓶沉入水面下 10~15 厘米处，瓶口朝水流上游方向，使水样灌入瓶内。需要采集一定深度的水样时，用采水器采集。

（二）细菌总数的测定

细菌总数是指 1 毫升水样在营养琼脂培养基中，于 37℃ 经 24 小时培养后，所生长的细菌菌落的总数。它是判断饮用水、水源水、地表水等污染程度的标志。其主要测定程序如下：

①用作细菌检验的器皿、培养基等须按方法要求进行灭菌，以保证所检出的细菌皆属被测水样所有。

②营养琼脂培养基的制备。

③以无菌操作方法用 1 毫升灭菌吸管吸取混合均匀的水样（或稀释水样）注入灭菌平皿中，倾注约 15 毫升已融化并冷却到 45℃ 左右的营养琼脂培养基，并旋摇平皿，使其混合均匀。每个水样应做两份，还应另用一个平皿只倾注营养琼脂培养基作空白对照。待琼脂培养基冷却凝固后，翻转平皿，置于 37℃ 恒温箱内培养 24 小时，然后进行菌落计数。

④用肉眼或借助放大镜观察，对平皿中的菌落进行计算，求出 1 毫升水样中的平均菌落数。报告菌落计数时，若在 100 以内，按实有数字报告；若大于 100，采用两位有效数字，用 10 的指数表示，例如，菌落总数为 2680 个/毫升，应记为 $2.7×10^3$ 个/毫升。

（三）总大肠菌群的测定

粪便中存在大量的大肠菌群细菌，其在水体中存活时间和对氯的抵抗力等与肠道致病菌，如沙门氏菌、志贺氏菌等相似，因此，将总大肠菌群作为粪便污染的指示菌是合适的。但在某些水质条件下，大肠菌群细菌在水中能自行繁殖。

总大肠菌群是指那些能在 35℃、48 小时之内使乳糖发酵产酸、产气、需氧及兼性厌氧的革兰氏阴性的无芽孢杆菌，以每升水样中所含有的大肠菌群的数目表示。总大肠菌群的检验方法有发酵法和滤膜法。发酵法可用各种水样，但操作烦琐、费时间。滤膜法操作简便、快速，但不适用于浑浊水样。因为这种水样常会把滤膜堵塞，异物也可能干扰菌种生长。滤膜法操作程序如下：

将水样注入已灭菌、放有微孔滤膜（孔径 0.45 皮米）的滤器中，经抽滤，细菌被截留在膜上，将该滤膜贴于品红亚硫酸钠培养基上，37℃恒温培养 24 小时，对符合特征的菌落进行涂片、革兰氏染色和镜检。凡属革兰氏阴性无芽孢杆菌者，再接种于乳糖蛋白胨培养液或乳糖蛋白胨半固体培养基中，在 37℃恒温条件下，前者经 24 小时培养产酸产气者，或后者经 6~8 小时培养产气者，则判定为总大肠菌群阳性。

（四）其他细菌的测定

为区别存在于自然环境中的大肠菌群细菌和存在于温血动物肠道内的大肠菌群细菌，可将培养温度提高到 44.5℃，在此条件下仍能生长并发酵乳糖产酸产气者，称为粪大肠菌群。粪大肠菌群用多管发酵法或滤膜法测定。

沙门氏菌属是常常存在于污水中的病原微生物，也是引起水传播疾病的重要来源。由于其含量很低，测定时须先用滤膜法浓缩水样，然后进行培养和平板分离。最后，再进行生物化学和血清学鉴定，确定一定体积水样中是否存在沙门氏细菌。

链球菌（通称粪链球菌）也是粪便污染的指示菌。这种菌进入水体后，在水中不再自行繁殖，这是它作为粪便污染指示菌的优点。此外，由于人粪便中大肠菌群数多于粪链球菌，而动物粪便中粪链球菌多于粪大肠菌群，因此，在水质检验时，根据这两种菌菌数的比值不同，可以推测粪便污染的来源。当该比值大于 4 时，则认为污染主要来自人粪；如该比值小于或等于 0.7，则认为污染主要来自温血动物；如比值小于 4 而大于 2，则为混合污染，但以人粪为主；如比值小于或等于 2，且大于或等于 1，则难以判定污染来源。粪链球菌数的测定也采用多管发酵法或滤膜法。

三、急性生物毒性测定及评价

进行水生生物毒性试验可用鱼类、潘类、藻类等，其中以鱼类毒性试验应用较为广泛。

鱼类对水环境的变化反应十分灵敏，当水体中的污染物达到一定浓度或强度时，就会引起一系列中毒反应，例如，行为异常、生理功能紊乱、组织细胞病变，直至死亡。鱼类毒性试验的主要目的是：寻找某种毒物或工业废水对鱼类的半致死浓度与安全浓度，为制定水质标准和废水排放标准提供科学依据；测试水体的污染程度；检查废水处理效果和水质标准的执行情况。有时鱼类毒性试验也用于一些特殊目的，如比较不同化学物质毒性的高低、测试不同种类鱼对毒物的相对敏感性、测试环境因素对废水毒性的影响等。这种试验可以在实验室内进行，也可以在现场进行。

根据试验水所含毒物浓度的高低和暴露时间的长短，毒性试验可分为急性试验和慢性试验。急性试验是一种使受试鱼种在短时间内显示中毒反应或死亡的毒性试验，所用毒物浓度高，持续时间短，一般是 4 天或 7~10 天，其目的是在短时间内获得毒物或废水对鱼类的致死浓度范围，为进一步进行试验研究提供必要的资料。慢性试验是指在实验室中进行的低毒物浓度、长时间的毒性试验，以观察毒物与生物反应之间的关系，验证急性毒性试验结果，估算安全浓度或最大容许浓度。慢性试验更接近于自然环境里的真实情况。

第三章　空气和废气监测

第一节　空气污染与空气样品采集

一、空气污染基本知识

（一）大气、空气及其污染

大气是指包围在地球周围的气体，其厚度达 1000~1400 千米，其中，对人类及生物生存起着重要作用的是近地面约 10 千米内的空气层（对流层）。空气层厚度虽然比大气层厚度小得多，但空气质量占大气总质量的 95% 左右。在环境科学相关书籍、资料中，常把"空气"和"大气"作为同义词使用。

清洁干燥的空气主要组分体积分数是：氮 78.06%，氧 20.95%，氩 0.93%。这三种气体的总和约占总体积的 99.94%，其余尚有十多种气体，其体积总和不足 0.1%。实际空气中含有水蒸气，其含量因地理位置和气象条件不同而异，干燥地区可低至 0.02%（体积分数），而暖湿地区可高达 0.46%。

清洁的空气是人类和其他生物赖以生存的环境要素之一，在通常情况下，每人每日平均吸入 10~12 立方米的空气，在面积为 60~90 平方米的肺泡上进行气体交换，吸收生命所必需的氧气，以维持人体正常的生理活动。

随着过去几十年中工业及交通运输业等的迅速发展，特别是化石燃料，如煤和石油的大量使用，所产生的大量有害物质如烟尘、二氧化硫、氮氧化物、一氧化碳、烃类等被排放到空气中，当其超过环境所允许的极限浓度并持续一定时间后，就会改变空气的正常组成，破坏自然的物理、化学和生态平衡体系，从而危害人们的生活、工作和健康，损害自然资源及财产、器物等，这种情况即被称为空气污染。

（二）空气污染源

空气污染源可分为自然源和人为源两种。自然源是由于自然现象造成的，如火山爆发时喷射出大量粉尘、二氧化硫气体等；森林火灾产生大量二氧化碳、烃类、热辐射等。人为源是由于人类的生产和生活活动造成的，是空气污染的主要来源，主要有以下几种：

1. 工业企业排放的废气

在工业企业排放的废气中，排放量最大的是以煤和石油为燃料，在燃烧过程中排放的粉尘、二氧化硫、氮氧化物、一氧化碳、氧气等，其次是工业生产过程中排放的多种有机污染物和无机污染物，其中挥发性有机物（VOCs）作为形成细颗粒物（$PM_{2.5}$）和臭氧等的重要前体物，也已纳入我国大气的总量控制指标。

2. 交通运输工具排放的废气

主要是交通车辆、轮船、飞机排出的废气，其中，汽车数量最大，并且集中在城市，故对空气质量特别是城市空气质量影响大，是一种严重的空气污染源，其排放的主要污染物有烃类、一氧化碳、氮氧化物和黑烟等。

3. 室内空气污染源

随着生活水平、现代化水平的提高，加之信息技术的飞速发展，人们在室内活动的时间越来越长。据估计，现代人特别是生活在城市中的人，80%以上的时间是在室内度过的，因此，近年来对建筑物室内空气质量（IAQ）的监测及评估在国内外引起广泛重视。据测量，室内污染物的浓度高于室外污染物浓度的 2~5 倍。室内空气污染直接威胁着人们的身体健康，流行病学调查表明，室内空气污染将提高急、慢性呼吸系统障碍疾病的发病率，特别是使肺结核、鼻炎、咽喉炎、肺癌、白血病等疾病的发病率、死亡率上升，导致社会劳动生产效率降低。

室内空气污染的来源包括：化学建材和装饰材料中的油漆；胶合板、内墙涂料、刨花板中含有的挥发性有机物，如甲醛、苯、甲苯、三氯甲烷等有毒物质；大理石、地砖、瓷砖中的放射性物质排放的氡气及其子体；烹饪、吸烟等室内燃烧所产生的油、烟污染物质；人群密集且通风不良的封闭室内高浓度的二氧化碳；空气中的霉菌、真菌和病毒等。

（三）空气中的污染物及其存在状态

空气中的污染物不下数千种，已发现有危害作用而被人们注意到的有 100 多种。根据污染物的形成过程，可将其分为一次污染物和二次污染物。

一次污染物是直接从各种污染源排放到空气中的有害物质，常见的主要有二氧化硫、氮氧化物、一氧化碳、烃类、颗粒物等，而颗粒物中包含苯并［a］芘等强致癌物质、有毒重金属、多种有机化合物和无机化合物等。

二次污染物是一次污染物在空气中相互作用或它们与空气中的正常组分产生反应所产生的新污染物。这些新污染物与一次污染物的化学、物理性质完全不同，多为气溶胶，具有颗粒小、毒性一般比一次污染物大等特点。常见的二次污染物有硫酸盐、硝酸盐、臭氧、醛类（乙醛和丙烯醛等）、过氧乙酰硝酸酯（PAN）等。

空气中污染物的存在状态是由其自身的理化性质及形成过程决定的，气象条件也起一定的作用，一般将空气中的污染物分为分子状态污染物和气溶胶状态污染物两类。

1. 分子状态污染物

某些物质如二氧化硫、氮氧化物、一氧化碳、氯化氢、氯气、臭氧等沸点都很低，在常温、常压下以气体分子形式分散于空气中。还有些物质如苯、苯酚等，虽然在常温、常压下是液体或固体，但因其挥发性强，故能以蒸气形式进入空气中。

无论是气体分子还是蒸气分子，都具有运动速度较大、扩散快、在空气中分布比较均匀的特点，它们的扩散情况与自身的相对密度有关，密度相对大者向下沉降，如汞蒸气等；密度相对小者向上漂浮，并受气象条件的影响，可随气流扩散到很远的地方。

2. 气溶胶状污染物

气溶胶由空气中的气体介质与悬浮在其中的粒子组成，是一个复杂的非均匀体系。目前我国环境空气质量标准中关于颗粒物的基本项目是 PM_{10} 和 $PM_{2.5}$。

通常所说的烟、雾、灰尘都是用来表述颗粒物存在形式的。某些固体物质在高温下由于蒸发或升华作用变成气体逸散于空气中，遇冷后又凝聚成微小的固体颗粒物悬浮于空气中形成烟。例如，高温熔融的铅、锌，可迅速挥发并氧化成氧化铅和氧化锌的微小固体颗粒物。烟的粒径一般为 0.01~1 微米。

雾是由悬浮在空气中微小液滴构成的气溶胶，按其形成方式可分为分散型气溶胶和凝聚型气溶胶。常温状态下的液体，由于飞溅、喷射等原因被雾化而形成微小雾滴分散在空气中，构成分散型气溶胶。液体因加热变成蒸气逸散到空气中，遇冷后又凝集成微小液滴，形成凝聚型气溶胶。雾的粒径一般在 10 微米以下。

通常所说的烟雾是烟和雾同时形成的固液混合态气溶胶，如硫酸烟雾、光化学烟雾等。硫酸烟雾主要是由燃煤产生的高浓度二氧化硫和煤烟形成的，而二氧化硫经氧化剂、紫外线等因素的作用被氧化成三氧化硫，三氧化硫与水蒸气结合形成硫酸烟雾。当空气中的氮氧化物、一氧化碳、烃类达到一定浓度后，在强烈阳光照射下，经一系列光化学反应，形成臭氧、过氧乙酰基硝酸酯（可简称为 PAN）和醛类等物质悬浮于空气中而构成光化学烟雾。

尘是分散在空气中的固体颗粒物，如交通车辆行驶时所带起的扬尘、粉碎固体物料时所产生的粉尘、燃煤烟气中的含碳颗粒物等。

（四）空气中污染物的时空分布特点

与其他环境要素中的污染物相比较，空气中的污染物具有随时间、空间变化大的特点。了解该特点，对于能获得正确反映空气污染实际状况的监测结果有重要意义。

空气污染物的时空分布及其浓度与污染物排放源的分布、排放量及地形、地貌、气象等条件密切相关。

气象条件如风向、风速、大气湍流、大气稳定度等，总在不停地改变，故污染物的稀释与扩散情况也在不断地变化。同一污染源对同一地点在不同时间所造成的地面空气污染浓度往往相差数倍至数十倍，同一时间、不同地点也相差甚大。一次污染物和二次污染物的浓度在一天之内也在不断地变化。一次污染物因受逆温层及气温、气压等限制，清晨和黄昏浓度较高，中午浓度较低；二次污染物如光化学烟雾，因在阳光照射下才能形成，故中午浓度较高，清晨和夜晚浓度低。风速大，大气不稳定，则污染物稀释扩散速度快，浓度变化也快；反之，稀释扩散速度慢，浓度变化也慢。

污染源的类型、排放规律及污染物的性质不同，其时空分布特点也不同。点污染源或线污染源排放的污染物浓度变化较快，涉及范围较小；大量地面点污染源（如工业区炉窑、分散供热锅炉等）构成的面污染源排放的污染物浓度分布比较均匀，并随气象条件变化有较强的变化规律。就污染物的性质而言，质量较小的分子态或气溶胶态污染物高度分散在空气中，易扩散和稀释，随时空变化快；质量较大的尘、汞蒸气等，扩散能力差，影响范围较小。

为反映污染物浓度随时间变化而变化的情况，在空气污染监测中提出时间分辨率的概念，要求在规定的时间内反映出污染物的浓度变化。例如，了解污染物对人体的急性危害，要求分辨率为 3 分钟；了解光化学烟雾对呼吸道的刺激反应，要求分辨率为 10 分钟。在《环境空气质量标准》中，要求测定污染物的 1 小时平均浓度及日平均、月平均、季平均、年平均浓度，也是为了反映污染物随时间的变化而变化的情况。

（五）空气中污染物的浓度表示方法

空气中污染物浓度有两种表示方法，即质量浓度和体积分数，根据污染物存在状态选择使用。

1. 质量浓度

质量浓度是指单位体积空气中所含污染物的质量，常以毫克/立方米或微克/立方米为单位表示。这种表示方法对任何状态的污染物都适用。

2. 体积分数

体积分数是指单位体积空气中含污染气体或蒸气的体积，常用毫升/立方米或微升/立方米为单位表示。显然，这种表示方法仅适用于气态或蒸气态物质，它不受空气温度和压力变化的影响。

因为质量浓度受空气温度和压力变化的影响，为使计算出的质量浓度具有可比性，我国空气质量标准中采用标准状态（0℃，101.325千帕）时的体积。非标准状态下的气体体积可用理想气体状态方程换算成标准状态下的体积，换算式如下：

$$V_0 = V_t \cdot \frac{273}{273 + t} \cdot \frac{p}{101.325} \tag{3-1}$$

式中，V_0——标准状态下的采样体积，升或立方米；

V_t——现场状态下的采样体积，升或立方米；

t——采样时的温度，℃；

p——采样时的大气压，千帕。

美国、日本和世界卫生组织在全球环境监测系统中采用的是参比状态（25℃，101.325千帕），进行数据比较时应注意。

两种浓度的表示方法可按下式进行换算：

$$\varphi = \frac{22.4}{M} \cdot \rho \tag{3-2}$$

式中，φ——标准状态下气体的体积分数，毫升/立方米；

ρ——气体质量浓度；毫升/立方米

M——气体的摩尔质量，克/摩尔；

22.4——标准状态下气体的摩尔体积，升/摩尔。

二、空气样品的采集方法和采样器

采集空气样品的方法可归纳为直接采样法和富集（浓缩）采样法两类。

（一）直接采样法

当空气中的被测组分浓度较高，或者监测方法灵敏度高时，直接采集少量气样即可满足监测分析要求。直接采样法适用于一氧化碳、挥发性有机物、总烃等污染物的样品采集。这种方法测得的结果是瞬时浓度或短时间内的平均浓度，能较快地测知结果。常用的采样容器有注射器、气袋、真空罐（瓶）等。

1. 注射器采样

常用50毫升或100毫升带有惰性密封头的玻璃或塑料注射器。采样前，先用现场气体抽洗3~5次，然后抽取一定体积的气样，密封进气口后，将注射器进口朝下垂直放置，使注射器的内压略大于大气压。

采样后注射器应迅速放入运输箱内，并保持垂直状态运送。样品保温并避光保存，采样后尽快分析。

2. 气袋采样

气袋适用于采集化学性质稳定、不与气袋发生化学反应的低沸点气态污染物，常用材质有聚四氟乙烯、聚乙烯、聚氯乙烯和金属衬里（铝箔）等。

采样方式可分为真空负压法和正压注入法。真空负压法采样系统由进气管、气袋、真空箱、阀门和抽气泵等部分组成；正压注入法用双联球、注射器、正压泵等器具通过连接管将气样直接注入气袋。

采样前，先用现场气体清洗气袋 3~5 次，再充满气样，然后迅速密封进气口，放入运输箱，防止阳光直射。当环境温差较大时，应采取保温措施，并在最短时间内送至实验室分析。

3. 真空罐（瓶）采样

真空罐常用金属材质，且内表面经过惰性处理。真空瓶常用硬质玻璃材质，采样系统常配有进气阀门和真空压力表。

采样前，真空罐（瓶）应清洗或加热清洗 3~5 次，根据不同气样采样要求抽成真空，如采集挥发性有机物样品时，要求将真空罐抽真空至小于 10 帕。每批次真空罐（瓶）应进行空白测定。采样用的辅助物品也应经过清洗，密封带到现场，或者事先在洁净环境中安装好，密封进气口后带到现场。

采样分为瞬时采样和恒流采样两种方式。瞬时采样时，在真空罐进气口处加过滤器。打开采样阀门进行采样，待真空罐内压力与周围压力一致后，关闭阀门，用密封帽密封。恒流采样时，需要在过滤器前安装限流阀，打开采样阀门进行恒流采样，在设定的恒定流量所对应的采样时间达到后，关闭阀门，用密封帽密封。样品应常温保存，尽快分析。

（二）富集（浓缩）采样法

空气中的污染物浓度一般都在微克/立方米至毫克/立方米数量级，直接采样法往往不能满足分析方法检测限的要求，故需要用富集采样法对空气中的污染物进行浓缩。富集采样时间一般比较长，测得结果代表采样时段的平均浓度，更能反映空气污染的真实情况。这类采样方法有溶液吸收法、填充柱阻留法、滤膜采样法、滤膜-吸附剂联用采样法及被动采样法等。

1. 溶液吸收法

该方法是采集空气中气态、蒸气态及某些气溶胶态污染物的常用方法。采样时，用抽气装置将欲测空气以一定流量抽入装有吸收液的吸收管（瓶）。采样结束后，倒出吸收液进行测定，根据测得结果及采样体积计算空气中污染物的浓度。

溶液吸收法的吸收效率主要取决于吸收速率和气样与吸收液的接触面积。

欲提高吸收速率，必须根据被吸收污染物的性质选择效能好的吸收液。常用的吸收液有水、水溶液和有机溶剂等。按照它们的吸收原理可分为两种类型，一种是气体分子溶解于溶液中的物理作用，如用水吸收空气中的氯化氢、甲醛，用体积分数为 5% 的甲醇溶液吸收有机农药，用体积分数为 10% 的乙醇溶液吸收硝基苯等。另一种吸收原理是基于发生化学反应。例如，用氢氧化钠溶液吸收空气中的硫化氢是基于中和反应、用四氯汞钾溶液吸收二氧化硫是基于络合反应等。理论和实践证明，伴有化学反应的吸收液的吸收速率比单靠溶解作用的吸收液吸收速率快得多，因此，除采集溶解度非常大的气态物质外，一般都选用伴有化学反应的吸收液。吸收液的选择原则是：①与被采集的污染物质发生化学反应快或对其溶解度大；②污染物被吸收液吸收后，要有足够的稳定时间，以满足分析测定所需时间的要求；③污染物被吸收后，应有利于下一步分析测定，最好能直接用于测定；④吸收液毒性小，价格低，易于购买，最好能回收利用。

增大被采气体与吸收液接触面积的有效措施是选用结构适宜的吸收管（瓶）。下面介绍几种常用的气体吸收管（瓶）。

（1）气泡吸收管

这种吸收管可装 5~10 毫升吸收液，采样流量为 0.5~2.0 升/分钟，适用于采集气态和蒸气态物质。对于气溶胶态物质，因不能像气态分子那样快速扩散到气液界面上，故吸收效率差。

（2）冲击式吸收管

这种吸收管有小型（装 5~10 毫升吸收液，采样流量为 3.0 升/分钟）和大型（装 50~100 毫升吸收液，采样流量为 30 升/分钟）两种规格，适宜采集气溶胶态物质。因为该吸收管的进气管喷嘴孔径小，距瓶底又很近，当被采气样快速从喷嘴喷出冲向管底时，气溶胶颗粒因惯性作用被冲击到管底分散，从而易被吸收液吸收。冲击式吸收管不适合采集气态和蒸气态物质，因为气体分子的惯性小，在快速抽气情况下，容易被空气带走。

（3）多孔玻板吸收管（瓶）

吸收管可装 5~10 毫升吸收液，采样流量为 0.1~1.0 升/分钟。吸收瓶有小型（装 10~30 毫升吸收液，采样流量为 0.5~2.0 升/分钟）和大型（装 50~100 毫升吸收液，采样流量为 30 升/分钟）两种。气样通过吸收管（瓶）的多孔玻板后，被分散成很小的气泡，且阻留时间长，大大增加了气液接触面积，从而提高了吸收效率。多孔玻板吸收管（瓶）除适合采集气态和蒸气态物质外，也能采集气溶胶态物质。

采样前须正确连接采样系统，注意多孔玻板吸收管（瓶）的进气方向不可接反，防止倒吸。采样中应观察采样流量的波动和吸收液的变化，出现异常时及时停止采样，查找原因。采样结束后，将样品密封装入样品箱，样品箱再次密封后应尽快送至实验室分析。

2. 填充柱阻留法

填充柱是用一根长 6~10 厘米、内径 3~5 毫米的普通玻璃管、石英管或不锈钢管，内装颗粒状或纤维状填充剂制成。采样时，让气样以一定流速通过填充柱，则欲测组分因吸附、溶解或化学反应等作用被阻留在填充剂上，达到浓缩采样的目的。采样后，通过解吸或溶剂洗脱，使被测组分从填充剂上释放出来进行测定。根据填充剂阻留作用的原理，可分为吸附型、分配型和反应型三种类型。

（1）吸附型填充柱

吸附型填充柱适用于汞、挥发性有机物等气态污染物的样品采集。常见的固体吸附剂有活性炭、硅胶和有机高分子等吸附材料，它们都是多孔性物质，表面积大，对气体和蒸气有较强的吸附能力。有两种表面吸附作用，一种是由于分子间引力引起的物理吸附，吸附力较弱；另一种是由于剩余价键力引起的化学吸附，吸附力较强。极性吸附剂如硅胶等，对极性化合物有较强的吸附能力；非极性吸附剂如活性炭等，对非极性化合物有较强的吸附能力。一般说来，吸附能力越强，采样效率越高，但这往往会给解吸带来困难。因此，在选择吸附剂时，既要考虑吸附效率，又要考虑易于解吸。

（2）分配型填充柱

这种填充柱的填充剂是表面涂高沸点有机溶剂（如异十三烷）的惰性多孔颗粒物（如硅藻土），类似于气液色谱柱中的固定相，只是有机溶剂的用量比色谱固定相大。当被采集气样通过填充柱时，在有机溶剂（固定液）中分配系数大的组分保留在填充剂上而被富集。

（3）反应型填充柱

这种填充柱的填充剂是由惰性多孔颗粒物（如石英砂、玻璃微球等）或纤维状物（如滤纸、玻璃棉等）表面涂渍能与被测组分发生化学反应的试剂制成，也可以用能和被测组分发生化学反应的纯金属（如金、银、铜等）丝毛或细粒作填充剂。气样通过填充柱时，被测组分在填充剂表面因发生化学反应而被阻留。采样后，将反应产物用适宜溶剂洗脱或加热吹气解吸下来进行分析。例如，空气中的微量氨可用装有涂渍硫酸的石英砂填充柱富集。采样后，用水洗脱后测定。反应型填充柱采样量和采样速率都比较大，富集物稳定，对气态、蒸气态和气溶胶态物质都有较高的富集效率。

3. 滤膜采样法

滤膜采样法适用于总悬浮颗粒物、可吸入颗粒物、细颗粒物等大气颗粒物的质量浓度监测及分析，以及颗粒物中重金属、苯并 [a] 芘、氟化物（小时和日均浓度）等污染物的样品采集。

滤膜采集空气中气溶胶颗粒物基于直接阻截、惯性碰撞、扩散沉降、静电引力和重力沉降等作用，滤膜的采样效率除与自身性质有关外，还与采样速率、颗粒物的大小等因素有关。低速采样，以扩散沉降为主，对细小颗粒物的采样效率高；高速采样，以惯性碰撞作用为主，对较大颗粒物的采样效率高。空气中的大小颗粒物是同时并存的，当采样速率一定时，就可能使一部分粒径小的颗粒物采样效率偏低。此外，在采样过程中，还可能发生颗粒物从滤料上弹回或吹走现象，特别是采样速率大的情况下，粒径大、质量大的颗粒物易发生弹回现象；粒径小的颗粒物易穿过滤膜被吹走，这些情况都是造成采样效率偏低的原因。

常用的滤料有纤维状滤料，如玻璃纤维滤膜、聚氯乙烯合成纤维膜等；筛孔状滤料，如微孔滤膜、核孔滤膜、银薄膜等。玻璃纤维滤膜吸湿性小，耐高温、耐腐蚀，通气阻力小，采样效率高，常用于采集悬浮颗粒物，但其机械强度差，某些元素含量较高。聚氯乙烯或聚苯乙烯等合成纤维膜通气阻力小，并可用有机溶剂溶解成透明溶液，便于进行颗粒物分散度及颗粒物中化学组分的分析。微孔滤膜是由硝酸（或乙酸）纤维素制成的多孔性薄膜，孔径细小、均匀，质量小，金属杂质含量极微，溶于多种有机溶剂，尤其适用于采集分析金属的气溶胶。核孔滤膜是将聚碳酸酯薄膜覆盖在铀箔上，用中子流轰击，使铀核分裂产生的碎片穿过薄膜，形成微孔，再经化学腐蚀处理制成。这种膜薄而光滑，机械强度好，孔径均匀，不亲水，适用于精密的重量分析，但因微孔呈圆柱状，采样效率较微孔滤膜低。银薄膜由微细的银粒烧结制成，具有与微孔滤膜相似的结构，它能耐400℃高温，抗化学腐蚀性强，适用于采集酸、碱气溶胶及含煤焦油、沥青等挥发性有机物的气样。

4. 滤膜-吸附剂联合采样法

该方法适用于多环芳烃类等半挥发性有机物的样品采集。采样时将滤膜采样夹与装填吸附剂的采样筒串联进行。滤膜使用超细玻璃滤膜或石英纤维滤膜，采样前须在400℃灼烧4小时以上。常用吸附剂为聚氨基甲酸酯泡沫、大孔树脂，或者两种吸附剂的组合。采样后采样筒需在4℃以下的环境保存，如果样品不能在24小时内分析，滤膜和吸附剂应密封后放入4℃冷藏箱内保存，防止有机物的分解。

5. 被动采样法

这种方法是利用物质的自然重力、空气动力和浓差扩散作用采集空气中的被测物质，适用于硫酸盐化速率、氟化物（长期）、降尘等空气样品的采集。采样不需要动力设备，简单易行，且采样时间长，测定结果能较好地反映空气污染情况。

（1）降尘样品采集

采集空气中降尘的方法分为湿法和干法两种，其中，湿法应用更为普遍。

湿法采样是在一定大小的圆筒形玻璃（或塑料、瓷、不锈钢）缸中加入一定量的水，放置在距地面5~12米高、附近无高大建筑物及局部污染源的地方（如空旷的屋顶上）。

采样口距基础面 1~1.5 米，以避免基础面扬尘的影响。我国集尘缸的尺寸为内径 15 厘米、高 30 厘米，一般加水 100~300 毫升（视蒸发量和降水量而定）。为防止冰冻和抑制微生物及藻类的生长（夏季也需要加除藻剂），保持缸底湿润，须加入适量乙二醇。采样时间为（30±2）天，多雨季节注意及时更换集尘缸，防止水满溢出，各集尘缸采集的样品合并后测定。

（2）硫酸盐化速率样品的采集

硫酸盐化速率常用的采样方法为碱片法，将用碳酸钾溶液浸渍过的玻璃纤维滤膜（碱片）置于采样点上，环境空气中的二氧化硫、硫化氢、硫酸雾等与浸渍在滤膜上的碳酸钾反应生成硫酸盐而被固定。

（3）氟化物样品采集

该方法是利用浸渍在滤纸上的氢氧化钙与空气中的氟化物（氟化氢、四氟化硅等）反应，使氟化物被固定。采样后的滤纸用总离子强度调节缓冲液浸提后，以氟离子选择电极法测定氟化物的含量。

（三）采样器

1. 组成部分

空气污染物监测多采用动力采样法，其采样器主要由收集器、流量计和采样动力三部分组成。

（1）收集器

收集器是捕集空气中欲测污染物的装置。前面介绍的气体吸收管（瓶）、填充柱、滤膜等都是收集器，须根据被采集物质的存在状态、理化性质等选用。

（2）流量计

流量计是测量气体流量的仪器，而流量是计算采气体积的参数。常用的流量计有皂膜流量计、孔口流量计、转子流量计、临界孔稳流器和湿式流量计。

皂膜流量计是一根标有体积刻度的玻璃管，管的下端有一支管和装满肥皂水的橡皮球，当挤压橡皮球时，肥皂水液面上升，由支管进来的气体便吹起皂膜，并在玻璃管内缓慢上升，准确记录通过一定体积气体所需时间，即可得知流量。这种流量计常用于校正其他流量计，在很宽的流量范围内，误差皆小于 1%。

孔口流量计有隔板式和毛细管式两种，当气体通过隔板或毛细管小孔时，因阻力而产生压力差，气体流量越大，阻力越大，产生的压力差也越大，由下部的 U 形管两侧的液柱差可直接读出气体的流量。

转子流量计由一个上粗下细的锥形玻璃管和一个金属制转子组成，当气体由玻璃管下端进入时，由于转子下端的环形孔隙截面大于转子上端的环形孔隙截面，所以转子下端气体的流速小于上端的流速，下端的压力大于上端的压力，使转子上升，直到上、下两端压力差与转子所受重力相等时，转子停止不动。气体流量越大，转子升得越高，可直接从转子上沿位置读出流量。当空气湿度大时，须在进气口前连接一个干燥管，否则，转子吸附水分后质量增加，影响测量结果。

临界孔稳流器是一根长度一定的毛细管，当空气流通经过毛细孔时，如果两端维持足够的压力差，则通过小孔的气流就能保持恒定，此时为临界状态流量，其大小取决于毛细管孔径大小。这种流量计使用方便，广泛用于空气采样器和自动监测仪器上的控制流量。临界孔可以用注射器针头代替，其前面应加除尘过滤器，防止小孔被堵塞。

（3）采样动力

采样动力为抽气装置，要根据所需采样流量、收集器类型及采样点的条件进行选择，并要求其抽气流量稳定、连续运行能力强、噪声小和能满足抽气速率要求。

注射器、连续抽气筒、双联球等手动采样动力适用于采气量小、无市电供给的情况。对于采样时间较长和采样速率要求较大的场合，需要使用电动抽气泵，如薄膜泵、电磁泵、刮板泵及真空泵等。

2. 专用采样器

将收集器、流量计、采样动力及气样预处理、流量调节、自动定时控制等部件组装在一起，就构成专用采样器。有多种型号的商品空气采样器出售，按其用途可分为空气采样器、颗粒物采样器和个体采样器。

（1）空气采样器

用于采集空气中气态和蒸气态物质，采样流量为 0.5~2.0 升/分钟，一般可用交、直流两种电源供电。

（2）颗粒物采样器

颗粒物采样器有总悬浮颗粒物（TSP）采样器、细颗粒物（$PM_{2.5}$）采样器和可吸入颗粒物（PM_{10}）采样器。

采样器流量一般情况下分为大流量（1.05 立方米/分钟）、中流量（100 升/分钟）、小流量（16.67 升/分钟）三种类型。采样器由切割器、滤膜夹、流量测量及控制部件、抽气泵组成。

切割器又称分尘器，用于分离规定粒径的颗粒物，如 10 微米或 2.5 微米切割器有旋风式、向心式、撞击式等多种。

（3）个体采样器

个体采样器主要用于研究空气污染物对人体健康的危害，其特点是体积小、质量小，佩戴在人体上可以随人的活动连续地采样，反映人体实际吸入的污染物量。扩散法采样器由外壳、扩散层和收集剂三部分组成，其工作原理是空气通过采样器外壳通气孔进入扩散层，则被收集组分分子也随之通过扩散层到达收集剂表面被吸附或吸收。收集剂为吸附剂、化学试剂浸渍的惰性颗粒物或滤膜，如用吗啡啉浸渍的滤膜可采集大气中的二氧化硫等。渗透法采样器由外壳、渗透膜和收集剂组成。渗透膜为有机合成薄膜，如硅酮膜等；收集剂一般用吸收液或固体吸附剂，装在具有渗透膜的盒内，气体分子通过渗透膜到达收集剂被收集，如空气中的硫化氢通过二甲基硅酮膜渗透到含有乙二胺四乙酸二钠的 0.2 摩尔/升氢氧化钠溶液而被吸收。

第二节 气态和颗粒污染物的测定

一、气态和蒸气态污染物的测定

（一）二氧化硫的测定

二氧化硫是主要空气污染物之一，为例行监测的必测项目。它来源于煤和石油等燃料的燃烧、含硫矿石的冶炼、硫酸等化工产品生产排放的废气。二氧化硫是一种无色、易溶于水、有刺激性气味的气体，能通过呼吸进入气管，对局部组织产生刺激和腐蚀作用，是诱发支气管炎等疾病的原因之一，特别是当它与烟尘等气溶胶共存时，可加重对呼吸道黏膜的损害。

1. 分光光度法

（1）甲醛吸收-副玫瑰苯胺分光光度法

用甲醛吸收-副玫瑰苯胺分光光度法测定二氧化硫，避免了使用毒性大的四氯汞钾吸收液，在灵敏度、准确度诸方面均可与四氯汞钾溶液吸收法相媲美，且样品采集后相当稳定，但操作条件要求较严格。

①原理：气样中的二氧化硫被甲醛缓冲溶液吸收后，生成稳定的羟甲基磺酸钠化合物，加入氢氧化钠溶液，使加成化合物分解，释放出二氧化硫与盐酸副玫瑰苯胺反应，生成紫红色络合物，其最大吸收波长为 577 纳米，用分光光度法测定。

②测定要点：对于短时间采集的样品，将吸收管中的样品溶液移入 10 毫升比色管中，用少量甲醛吸收液洗涤吸收管，洗液并入比色管中并稀释至标线。加入 0.5 毫升氨基磺酸钠溶液，混匀，放置 10 分钟，以除去氮氧化物的干扰。随后将试液迅速地全部倒入盛有盐酸副玫瑰苯胺显色液的另一支 10 毫升比色管中，立即加塞混匀后放入恒温水浴中显色

后测定。

对于连续 24 小时采集的样品，将吸收瓶中样品移入 50 毫升容量瓶中，用少量甲醛吸收液洗涤吸收瓶后再倒入容量瓶中，并用吸收液稀释至标线。吸取适当体积的试样于 10 毫升比色管中，再用吸收液稀释至标线，加入 0.5 毫升氨基磺酸钠溶液混匀，放置 10 分钟除去氮氧化物干扰后测定。显色操作同短时间采集样品测定空气中二氧化硫的检出限为 0.004 毫克/立方米，测定下限为 0.014 毫克/立方米，测定上限为 0.347 毫克/立方米。

③注意事项：在测定过程中，主要干扰物为氮氧化物、臭氧和某些重金属元素。可利用氨基磺酸钠来消除氮氧化物的干扰；样品放置一段时间后臭氧可自行分解；利用磷酸及环己二胺四乙酸二钠盐来消除或减少某些金属离子的干扰，当样品溶液中的二价锰离子浓度达到 1 微克/毫升时，会对样品的吸光度产生干扰。

（2）四氯汞盐吸收-副玫瑰苯胺分光光度法

空气中的二氧化硫被四氯汞钾溶液吸收后，生成稳定的二氯亚硫酸盐络合物，该络合物再与甲醛及盐酸副玫瑰苯胺作用，生成紫红色络合物，在 575 纳米处测量吸光度。当使用 5 毫升吸收液，采样体积为 30 升时，测定空气中二氧化硫的检出限为 0.005 毫克/立方米，测定下限为 0.020 毫克/立方米，测定上限为 0.18 毫克/立方米。当使用 50 毫升吸收液，采样体积为 288 升时，测定空气中二氧化硫的检出限为 0.005 毫克/立方米，测定下限为 0.020 毫克/立方米，测定上限为 0.19 毫克/立方米。该方法具有灵敏度高、选择性好等优点，但吸收液毒性较大。

（3）钍试剂分光光度法

该方法也是国际标准化组织（ISO）推荐的测定 SO/ 的标准方法。它所用吸收液无毒，采集样品后稳定，但灵敏度较低，所需气样体积大，适合于测定二氧化硫日平均浓度。

方法测定原理基于空气中二氧化硫用过氧化氢溶液吸收并氧化成硫酸。硫酸根离子与定量加入的过量高氯酸钡反应，生成硫酸钡沉淀，剩余钡离子与钍试剂作用生成紫红色的钍试剂-钡络合物，据其颜色深浅，间接进行定量测定。有色络合物最大吸收波长为 520 纳米。当用 50 毫升吸收液采气 2 立方米时，最低检出质量浓度为 0.01 毫克/立方米。

2. 定电位电解法

（1）原理

定电位电解法是一种建立在电解基础上的监测方法，其传感器为一由工作电极（W）、对电极（C）、参比电极（R）及电解液组成的电解池（三电极传感器）。当在工作电极上施加一大于被测物质氧化还原电位的电压时，则被测物质在电极上发生氧化反应或还原反应。

（2）定电位电解二氧化硫分析仪

定电位电解二氧化硫分析仪由定电位电解传感器、恒电位源、信号处理及显示、记录系统组成。

定电位电解传感器将被测气体中二氧化硫浓度信号转换成电流信号，经信号处理系统进行 I/V 转换、放大等处理后，送入显示、记录系统指示测定结果。恒电位源和参比电极是为了向传感器工作电极提供稳定的电极电位，这是保证被测物质单一在工作电极上发生电化学反应的关键因素。为消除干扰因素的影响，还可以采取在传感器上安装适宜的过滤器等措施，用该仪器测定时，也要先用零气和二氧化硫标准气分别调零和进行量程校正。

这类仪器有携带式和在线连续测量式，后者安装了自动控制系统和微型计算机，将定期调零、校正、清洗、显示、打印等自动进行。

（二）氮氧化物的测定

空气中的氮氧化物以一氧化氮（NO）、二氧化氮（NO_2）、三氧化二氮（N_2O_3）、四氧化二氮（N_2O4）、五氧化二氮（N_2O_5）等多种形态存在，其中二氧化氮和一氧化氮是主要存在形态，为通常所指的氮氧化物（NO_x），它们主要来源于化石燃料高温燃烧和硝酸、化肥等生产排放的废气，以及汽车尾气。

一氧化氮为无色、无臭、微溶于水的气体，在空气中易被氧化成二氧化氮。二氧化氮为棕红色具有强刺激性臭味的气体，毒性比一氧化氮高 4 倍，是引起支气管炎、肺损害等疾病的有害物质。目前一氧化氮为我国环境空气质量标准中的基本监测项目之一，二氧化氮为其他监测项目之一。

1. 盐酸萘乙二胺分光光度法

该方法采样与显色同时进行，操作简便，灵敏度高，可直接测定空气中的二氧化氮，是国内外普遍采用的方法。测定氮氧化物或单独测定一氧化氮时，需要将一氧化氮氧化成二氧化氮，主要采用高锰酸钾氧化法。当吸收液体积为 10 毫升，采样 4~24 升时，二氧化氮的最低检出质量浓度为 0.005 毫克/立方米。

（1）原理

用无水乙酸、对氨基苯磺酸和盐酸萘乙二胺配成吸收液采样，空气中的二氧化氮被吸收转变成亚硝酸和硝酸。在无水乙酸存在条件下，亚硝酸与对氨基苯磺酸发生重氮化反应，然后再与盐酸萘乙二胺耦合，生成玫瑰红色偶氮染料，在波长 540 纳米处的吸光度与气样中二氧化氮浓度成正比。因此，可用分光光度法测定。

（2）酸性高锰酸钾溶液氧化法

如果测定空气中二氧化氮的短时间浓度，使用10.0毫升吸收液和5~10毫升酸性高锰酸钾溶液，以0.4升/分钟流量采气4~24升；如果测定氮氧化物的日平均浓度，使用25.0毫升或50.0毫升吸收液和50毫升酸性高锰酸钾溶液，以0.2升/分钟流量采气288升。流程中酸性高锰酸钾溶液氧化瓶串联在两支内装显色吸收液的多孔玻板吸收瓶之间，可分别测定二氧化氮和一氧化氮的浓度。使用棕色吸收瓶或者采样过程中吸收瓶外罩黑色避光罩。采样的同时，将装有吸收液的吸收瓶放置于采样现场，作为现场空白。采样后在暗处放置20分钟，若室温在20℃以下时，放置40分钟以上再进行吸光度的测定。

测定时，首先配制亚硝酸盐标准溶液色列和试剂空白溶液，同样于暗处放置20分钟，若室温在20℃以下，放置40分钟以上，在波长540纳米处，以蒸馏水为参比测量吸光度。根据标准色列扣除试剂空白溶液后的吸光度和对应的二氧化氮浓度（微克/毫升），用最小二乘法计算标准曲线的回归方程。

（3）注意事项

①当空气中二氧化硫浓度为二氧化氮浓度的30倍时，二氧化氮的测定结果偏低。

②当空气中含有过氧乙酰硝酸酯（PAN）时，二氧化氮的测定结果偏高。

③当空气中臭氧质量浓度超过0.25毫克/立方米时，二氧化氮的测定结果偏低。采样时在采样瓶入口端串联长15~20厘米的硅胶管，可排除干扰。

2. 原电池库仑滴定法

这种方法与常规库仑滴定法的不同之处是库仑滴定池不施加直流电压，而依据原电池原理工作。库仑滴定池中有两个电极，一是活性炭阳极，二是铂网阴极，池内充0.1摩尔/升磷酸盐缓冲溶液（pH=7）和0.3摩尔/升碘化钾溶液。当进入库仑池的气样中含有二氧化氮时，则与电解液中的I^-反应，将其氧化成I_2，而生成的I_2又立即在铂网阴极上还原为I^-，便产生微小电流。如果电流效率达100%，则在一定条件下，微电流大小与气样中二氧化氮浓度成正比，故可根据法拉第电解定律将产生的电流换算成三氧化氮浓度，直接进行显示和记录。测定总氮氧化物时，须先让气样通过三氧化铬-石英砂氧化管，将一氧化氮氧化成二氧化氮。

（三）一氧化碳的测定

一氧化碳（CO）是空气中主要污染物之一，它主要来自石油、煤炭燃烧不充分的产物和汽车尾气，一些自然灾害如火山爆发、森林火灾等也是来源之一。

一氧化碳是一种无色、无味的有毒气体，燃烧时呈淡蓝色火焰。它容易与人体血液中的血红蛋白结合，形成碳氧血红蛋白，降低血液输送氧的能力，造成缺氧症。中毒较轻时，会出现头痛、疲倦、恶心、头晕等感觉；中毒严重时，则会发生心悸、昏睡、窒息甚至造成死亡。

1. 气相色谱法

气相色谱法测定空气中一氧化碳的原理基于空气中的一氧化碳、二氧化碳和甲烷经TDX-01碳分子筛柱分离后，于氢气流中在镍催化剂［(360±10)℃］作用下，一氧化碳、二氧化碳皆能转化为甲烷，然后用火焰离子化检测器分别测定上述三种物质，其出峰顺序为：一氧化碳、甲烷、二氧化碳。

测定时，先在预定实验条件下用定量管加入各组分的标准气，记录色谱峰，测其峰高，按下式计算定量校正值：

$$K = \frac{\rho_s}{h_s} \tag{3-3}$$

式中，K——定量校正值，表示每毫米峰高代表的一氧化碳（或甲烷、二氧化碳）的质量浓度，毫克/立方米；

ρ_s——标准气中一氧化碳（或甲烷、二氧化碳）的质量浓度，毫克/立方米；

h_s——标准气中一氧化碳（或甲烷、二氧化碳）的峰高，毫米。

在与测定标准气同样条件下测定气样，测量各组分的峰高（h_s），按下式计算一氧化碳（或甲烷、二氧化碳）的质量浓度（ρ_x）：

$$\rho_x = h_x \cdot K \tag{3-4}$$

为保证催化剂的活性，在测定之前，转化炉应在360℃下通气8小时；氢气和氮气的纯度应高于99.9%。

当进样量为1毫升时，检出限为0.2毫克/立方米。

2. 汞置换法

汞置换法也称间接冷原子吸收光谱法。该方法基于气样中的一氧化碳与活性氧化汞在180℃~200℃发生反应，置换出汞蒸气，带入冷原子吸收测汞仪测定汞的含量，再换算成一氧化碳浓度。置换反应式如下：

$$CO（气）+HgO（固）\xrightarrow{180\sim200℃} Hg（蒸气）+CO_2（气）$$

空气经灰尘过滤器、活性炭管、分子筛管及硫酸亚汞硅胶管等净化装置除去尘埃、水蒸气、二氧化硫、丙酮、甲醛、乙烯、乙炔等干扰物质后，通过流量计、六通阀，由定量管取样送入氧化汞反应室，被一氧化碳置换出的汞蒸气随气流进入测量室，吸收低压汞灯发射的253.7纳米紫外线，用光电倍增管、放大器及显示、记录仪表测出吸光度，以实现对一氧化碳的定量测定。测量后的气体经碘-活性炭吸附管由抽气泵抽出排放。

二、颗粒物的测定

空气中颗粒物的测定项目有可吸入颗粒物（PM_{10}）、细颗粒物（$PM_{2.5}$）、总悬浮颗粒物（TSP）、降尘量及其组分、颗粒物中化学组分含量等。

（一）可吸入颗粒物和细颗粒物的测定

测定 PM_{10} 和 $PM_{2.5}$ 的方法是：首先用符合规定要求的切割器将采集的颗粒物按粒径分离，然后用重量法、β射线吸收法、微量振荡天平法测定。

采样前的准备工作包括切割器的清洗、环境温度和大气压的测定、采样器的气密性检查、采样流量检查、滤膜检查并经恒温恒湿平衡处理 24 小时以上至恒重后称重。

采样时，用无锯齿镊子将滤膜放入洁净的滤膜夹内，并注意滤膜毛面应朝向进气方向。采样结束后，用镊子将滤膜放入滤膜保存盒中，尽快进行恒温恒湿平衡处理，确保采样前后平衡条件一致，平衡后进行称重计算，计算公式为：

$$\rho = \frac{w_2 - w_1}{V} \times 1000 \tag{3-5}$$

式中，ρ ——PM_{10} 或 $PM_{2.5}$ 质量浓度，微克/立方米；

　　　w_1、w_2——采样前后滤膜的质量，毫克；

　　　V——标准状态下的采样体积。

（二）总悬浮颗粒物的测定

测定总悬浮颗粒物（total suspended particulate，TSP），国内外广泛采用滤膜捕集-重量法。原理为用采样动力抽取一定体积的空气通过已恒重的滤膜，则空气中的悬浮颗粒物被阻留在滤膜上，根据采样前后滤膜质量之差及采样体积，即可计算 TSP。滤膜经处理后，可进行化学组分分析。

根据采样流量不同，采样分为大流量、中流量和小流量采样法。大流量采样使用大流量采样器连续采样 24 小时，按照下式计算 TSP：

$$TSP（毫克 / 立方米）= \frac{W}{Q_n \cdot t} \tag{3-6}$$

式中，W——阻留在滤膜上的 TSP 质量，毫克；

　　　Q_n——标准状态下的采样流量，立方米/分钟；

　　　t——采样时间，分钟。

采样器在使用期内，每月应将标准孔口流量校准器串接在采样器前，在模拟采样状态下，进行不同采样流量值的校验。依据标准孔口流量校准器的标准流量曲线值标定采样器的流量曲线，以便由采样器压力计的压差值（液位差，以厘米为单位）直接得知采气流量。有的采样器设有流量记录器，可自动记录采气流量。

（三）降尘量及其组分的测定

降尘量是指在空气环境条件下，单位时间靠重力自然沉降落在单位面积上的颗粒物含量（简称降尘）。自然降尘量主要取决于自身质量和粒度大小，但风力、降水、地形等自然因素也起着一定的作用。因此，把自然降尘和非自然降尘区分开是很困难的。

降尘量用重量法测定。有时还需要测定降尘中的可燃性物质、水溶性和非水溶性物质、灰分，以及某些化学组分。

1. 降尘量的测定

采样结束后，剔除集尘缸中的树叶、小虫等异物，其余部分定量转移至 500 毫升烧杯中，加热蒸发浓缩至 10~20 毫升后，再转移至已恒重的瓷坩埚中，用水冲洗黏附在烧杯壁上的尘粒，并入瓷坩埚中，在电热板上蒸干后，于（105±5）℃烘箱内烘至恒重，按下式计算降尘量：

$$降尘量 [V(平方千米 \cdot 30 天)] = \frac{m_1 - m_0 - m_a}{A \cdot t} \times 30 \times 10^4 \qquad (3-7)$$

式中，m_1——降尘瓷坩埚和乙二醇水溶液蒸干并在 105±5℃恒重后的质量，克；

m_0——在 105±5℃烘干至恒重的瓷坩埚的质量，克；

m_a——加入的乙二醇水溶液经蒸发和烘干至恒重后的质量，克；

A——集尘缸口的面积，厘米；

t——时间，精确到 0.1 天。

2. 降尘中可燃物的测定

将上述已测降尘量的瓷坩埚于 600℃的马弗炉内灼烧至恒重，减去经 600℃灼烧至恒重的该坩埚质量及等量乙二醇水溶液蒸干并经 600℃灼烧后的质量，即为降尘中可燃物燃烧后剩余残渣量，根据它与降尘量之差和集尘缸面积、采样时间，便可计算出可燃物量 [吨/（立方千米 · 30 天）]。

（四）颗粒物中污染组分的测定

1. 水溶性阴阳离子的测定

颗粒物中常须测定的水溶性阴阳离子，多以气溶胶形式存在，目前可通过离子色谱法进行测定的阴离子为 F^-、Cl^-、Br^-、NO_2^-、NO_3^-、PO_4^{3-}、SO_3^{2-}、SO_4^{2-}，阳离子为 Li^+、Na^+、NH^+、K^+、Ca^{2+}、Mg^{2+}。

采集颗粒物样品后，以去离子水超声提取，阴离子用阴离子色谱柱分离，阳离子用阳离子色谱柱分离，用抑制型或非抑制型电导检测器检测，根据保留时间定性，根据峰高或峰面积标准曲线定量。

2. 金属元素的测定

金属元素的测定方法分为不需要样品预处理和需要样品预处理两类。不需要样品预处理的方法如中子活化法、X射线荧光光谱法、等离子体发射光谱法等。这些方法灵敏度高，测定速度快，且不破坏试样，能同时测定多种金属及非金属元素，但所用仪器价格昂贵，普及使用尚有困难。需要对样品进行预处理的方法如分光光度法、原子吸收分光光度法、荧光光谱法、催化极谱分析法等，所用仪器价格较低，是目前应用比较广泛的方法。

（1）样品预处理方法

样品预处理方法因组分不同而异，常用的方法包括：

①湿式分解法：即用酸溶解样品，或将二者共热消解样品。常用的酸有盐酸、硝酸、硫酸、磷酸、高氯酸等。

②干式灰化法：将样品放在坩埚中，置于马弗炉内，在400℃~800℃下分解样品，然后用酸溶解灰分，测定金属或非金属元素。为防止高温灰化导致某些元素的损失，可使用低温灰化法，如高频感应激发氧灰化法等。

③水浸取法：用于硫酸盐、硝酸盐，氯化物、六价铬等水溶性物质的测定。

（2）测定方法简介

①铍：可用原子吸收光谱法、桑色素荧光光谱法或气相色谱法测定。

原子吸收光谱法测定原理：用过氯乙烯滤膜采样，经干灰化法或湿式消解法分解样品并制成样品溶液，用高温石墨炉原子吸收分光光度计测定。当将采集10立方米气样的滤膜制备成10毫升样品溶液时，最低检出质量浓度一般可达3×10^{-10}毫克/立方米。

桑色素荧光光谱法测定原理：将采集在过氯乙烯滤膜上的含铍颗粒物用硝酸-硫酸消解，制成样品溶液。在碱性条件下，被离子与桑色素反应生成络合物，在430纳米激发光照射下，产生黄绿色荧光（530纳米），用荧光分光光度计测定荧光强度进行定量。当采气10立方米的滤膜制成25毫升样品溶液，取5毫升测定时，最低检出质量浓度为5×10^{-7}毫克/立方米。

②六价铬：广泛应用分光光度法或原子吸收光谱法测定。

二苯碳酰二肼分光光度法测定原理：用热水浸取采样滤膜上的六价铬，在酸性介质中，六价铬与二苯碳酰二肼反应，生成紫色络合物，用分光光度法测定，当采样30立方米，取1/4张滤膜（直径8~10厘米）测定时，最低检出质量浓度为4×10^{-5}毫克/立方米。

原子吸收光谱法测定原理：滤膜上的六价铬用三辛胺、甲基异丁基酮络合提取，于357.9 纳米波长处用原子吸收分光光度计测定。

③铁：用过氯乙烯滤膜采样，经干灰化法或湿式消解法分解样品并制成样品溶液。在酸性介质中将高价铁还原为亚铁离子，与 4，7-二苯基-1、10-菲罗啉生成红色螯合物，对 535 纳米波长有特征吸收，用分光光度法测定。当将采集 8.6 立方米气样的滤膜制成 100 毫升样品溶液，取 5 毫升测定时，最低检出质量浓度为 2.3×10^{-4} 毫克/立方米。

还可以用原子吸收光谱法测定颗粒物中的铁。

④砷：常用二乙基二硫代氨基甲酸银分光光度法、硼氢化钾-硝酸银分光光度法或原子吸收光谱法测定。

二乙基二硫代氨基甲酸盐分光光度法的原理是用聚乙烯氧化吡啶浸渍的滤纸采样，样品用盐酸溶解无机砷化物，加入碘化钾、氯化亚锡和锌粒，将其还原成气态砷化氢，用二乙基二硫代氨基甲酸银-三乙醇胺-三氯甲烷吸收，并生成红色胶体银，于 530 纳米波长处用分光光度法定量。当采样体积为 5 立方米取 1/2 张采样滤纸测定时，最低检出质量浓度可达 1.6×10^{-4} 毫克/立方米。

硼氢化钾-硝酸银分光光度法的原理是：按照二乙基二硫代氨基甲酸银法采样，滤膜用混合酸消解制成样品溶液，加入硼氢化钾（钠），产生新生态氢，将三价及五价砷还原为气态砷化氢，用硝酸-硝酸银-聚乙烯醇-乙醇混合溶液吸收，砷化氢将银离子还原成黄色胶体银，于 400 纳米波长处用分光光度法测定。

原子吸收光谱法是用碳酸氢钠甘油溶液浸渍的滤纸采样，混合酸消解，再在还原剂作用下生成砷化氢，由载气带入石英管原子化器，测定对 193.7 纳米特征光的吸收，用标准曲线法定量。

⑤硒：测定方法有紫外分光光度法、荧光光谱法等。前一方法便于推广使用，适合含硒量较高的样品；后一方法灵敏度高，适合含硒量低的样品。

两种方法均用纤维滤膜采样，样品经硝酸-高氯酸消解制成样品溶液。在 pH＝2 的酸性介质中，四价硒与 2，3-二氨基萘（DAN）反应生成有色、发射强荧光的 4，5-苯并苯硒脑，用荧光分光光度计测定。激发光波长 378 纳米，发射荧光波长 520 纳米。当采样体积为 200 立方米时，最低检出质量浓度为 5×10^{-5} 微克/立方米。

⑥铅：测定铅一般用原子吸收光谱法，也可以用双硫腙分光光度法，但操作烦琐，要求严格。

原子吸收光谱法：用过氯乙烯滤膜采样，采样滤膜经稀硝酸浸出或硫酸-干灰化法制成样品溶液，用火焰原子吸收光谱法测定，其特征吸收波长为 283.3 纳米。当采样体积 50 升取 1/2 张滤膜测定时，最低检出质量浓度为 5×10^{-4} 毫克/立方米（稀硝酸浸取法）、2×10^{-4} 毫克/立方米（硫酸-干灰化法）。

双硫腙分光光度法：将采集颗粒物的过氯乙烯滤膜用三氯甲烷溶解，再用稀硝酸溶解、浸取铅及其化合物。在弱碱性介质中，Pb^{2+}与双硫腙反应生成红色螯合物，用三氯甲烷萃取后，用分光光度计于515纳米波长处测定。当采样体积为25立方米，取1/4张滤膜测定时，最低检出质量浓度为$8×10^{-5}$毫克/立方米。

⑦铜、锌、镉、铬、锰、镍：将采集在过氯乙烯滤膜上的颗粒物用硫酸-干灰化法消解，制备成样品溶液，用火焰原子吸收光谱法或石墨炉原子吸收光谱法分别测定各元素的浓度。除镉外，其他元素均未见明显干扰。测定镉时，可用碘化钾-甲基异丁基酮萃取分离后再测定。如选用石墨炉原子吸收光谱法测定，可使用氘灯扣除背景值，消除干扰。

3. 有机化合物的测定

颗粒物中的有机组分种类多，多数具有毒性，如有机氯和有机磷农药、芳烃类和酯类化合物等。其中，受到普遍重视的是多环芳烃（PAHs），如菲、蒽、芘等达几百种，有不少具有致癌作用。3，4-苯并芘［（简称苯并［a］芘或BaP）］就是其中一种强致癌物质，它主要来自含碳燃料及有机物热解过程中的产物。煤炭、石油等在无氧加热裂解过程中，产生的烷烃、烯烃等经过脱氢、聚合，可产生一定数量的苯并［a］芘并吸附在烟气中的可吸入颗粒物上散布于空气中；香烟烟雾中也含苯并［a］芘。

测定苯并［a］芘的主要方法有荧光光谱法、高效液相色谱法、紫外分光光度法等。在测定之前，需要先进行提取和分离。

（1）多环芳烃的提取

将已采集颗粒物的玻璃纤维滤膜置于索氏提取器内，加入提取剂（环己烷），在水浴上连续加热提取，所得提取液于浓缩器中进行加热减压浓缩后供层析法分离。

将采样滤膜放在烧瓶内，连接好各部件，把系统内抽成真空后充入氮气，并反复几次，以除去残留氧。用包着冰的纱布冷却升华管，然后开启电炉加热至300℃保持半小时，则多环芳烃升华并在升华管中冷凝，待冷却后，用注射器喷入溶剂，洗出升华物，供下步分离。

（2）多环芳烃的分离

多环芳烃提取液中包括它们的各种同系物，欲测定某一组分或各组分，必须进行分离，常用的分离方法有纸层析法、薄层层析法等。

①纸层析法：该方法是选用适当的溶剂，在层析滤纸上对各组分进行分离。例如，分离苯并［a］芘时，先将苯、乙酸酐和浓硫酸按一定比例配成混合溶液，用其浸渍滤纸条后，将滤纸条用水漂洗、晾干，再用无水乙醇浸渍，晾干、压平，制成乙酰化滤纸。将提取和浓缩后的样品溶液点在离乙酰化滤纸下沿3厘米处，用冷风吹干，挂在层析缸中，沿

插至缸底的玻璃棒加入甲醇、乙醚和蒸馏水（体积比为4：4：1）配制的展开剂，至乙酰化滤纸下沿浸入1厘米为止。加盖密封层析缸，放于暗室中进行层析。在此，乙酰化试剂为固定相，展开剂为流动相，样品中的各组分经在两相中反复多次分配，按其分配系数大小依次被分开，在乙酰化滤纸条的不同高度处留下不同组分的斑点。取出乙酰化滤纸条并晾干，将各斑点剪下，分别用适宜的溶剂将各组分洗脱，即得到样品溶液。

②薄层层析法：薄层层析法又称薄板层析法。它是将吸附剂如硅胶、氧化铝等均匀地铺在玻璃板上。用毛细管将样品溶液点在距下沿一定距离处，然后将其以10°~20°的倾斜角放入层析缸中，使点样的一端浸入展开剂中（样点不能浸入），加盖后进行层析。在此，吸附剂是固定相，展开剂是流动相，样点上的各组分经溶解、吸附、再溶解、再吸附多次循环，在层析板不同位置处留下不同组分的斑点。取出层析板，晾干，用小刀刮下各组分斑点，分别用溶剂加热洗脱，即得到各组分的样品溶液。区分同一层析滤纸或层析板上不同斑点所分离的组分有两种比较简单的方法：一种是若斑点有颜色或在特定光线照射下显色，可根据不同组分的特有颜色辨认；另一种是在点样的同时，将被测物质的标准溶液点定在与样点相隔一定距离的同一水平线上，则与标样平行移动的斑点就是被测组分的斑点。这种方法不仅能辨认样品中的被测组分，还能对其进行定量测定。

（3）苯并［a］芘的测定

①乙酰化滤纸层析-荧光光谱法：将采集在玻璃纤维滤膜上的颗粒物中苯并［a］芘及有机溶剂可溶物质在索氏提取器中用环己烷提取，再经浓缩，点于乙酰化滤纸上进行层析分离，所得苯并［a］芘斑点用丙酮洗脱，以荧光光谱法测定。当采气体积为40立方米时，该方法最低检出质量浓度为0.002微克／（100立方米）。

多环芳烃是具有 π-π 电子共轭体系的分子，当受适宜波长的紫外线照射时，便吸收紫外线而被激发，瞬间又放出能量，发射比入射光波长稍长的荧光。以367纳米波长的光激发苯并［a］芘，测定其在405纳米波长处发射荧光强度 F_{405}；因为在402、408纳米波长处发射荧光的其他多环芳烃在405纳米波长处也发射荧光，故须同时测定402、408纳米波长处的荧光强度（F_{402}、F_{408}），并按以下两式分别计算标准样品、空白样品、待测样品的相对荧光强度（F）和颗粒物中BaP的质量浓度：

$$f = F_{405} - \frac{F_{402} + F_{408}}{2} \tag{3-8}$$

空气中

$$BaP(\mu g/m^3) = \frac{f_2 - f_0}{f_1 - f_0} \cdot \frac{m \cdot R}{V_s} \tag{3-9}$$

式中，f_2——待测样品斑点洗脱液相对荧光强度；

f_0——空白样品斑点洗脱液相对荧光强度；

f_1——标准样品斑点洗脱液相对荧光强度；

m——标准样品斑点中 BaP 质量，微克；

R——提取液总量和点样量的比值；

V_s——标准状态下的采样体积，立方米。

也可以将层析分离后的血琼脂平板（BAP）是最常用的增菌（营养）培养基斑点直接用荧光分光光度计的薄层扫描仪测定。

②高效液相色谱法（HPLC）：测定颗粒物中 BaP 的方法是将采集在玻璃纤维滤膜上的颗粒物中的 BaP 在乙腈溶液中，用超声提取，再将离心后的上清液注入高效液相色谱仪测定。色谱柱将样品溶液中的 BaP 与其他有机组分分离后，进入荧光检测器测定。荧光检测器使用波长 365 纳米的激发光，波长 405 纳米的发射光。根据样品溶液 BaP 峰面积或峰高，标准溶液 BaP 峰面积或峰高及其质量浓度，标准状态下采样体积，计算颗粒物中 BaP 的含量。当采样体积 40 立方米提取、浓缩液为 0.5 毫升时，方法最低检出质量浓度为 $2.5×10^{-5}$ 微克/立方米。

第三节　空气质量指数和降水监测

一、空气质量指数

（一）空气质量指数的定义与分级

空气质量指数（air quality index，AQI）是指将空气质量标准中的六项基本监测项目二氧化硫、二氧化氮、一氧化碳、臭氧、PM$_{10}$和PM$_{2.5}$浓度依据适当的分级浓度限值对其进行等标化，计算得到简单的无量纲指数，并通过分级，直观、简明、定量地描述环境污染的程度，向公众提供健康指引。空气质量指数具体级别划分见表3-1。

表3-1　空气质量指数分级划分

空气质量指数	空气质量指数级别	空气质量指数类别及表示颜色		对健康影响情况	建议采取的措施
0~50	一级	优	绿色	空气质量令人满意，基本无空气污染	各类人群可正常活动

空气质量指数	空气质量指数级别	空气质量指数类别及表示颜色		对健康影响情况	建议采取的措施
51～100	二级	良	黄色	空气质量可接受，但某些污染物可能对极少数异常敏感人群健康有较弱影响	极少数异常敏感人群应减少户外活动
101～150	三级	轻度污染	橙色	易感人群症状有轻度加剧，健康人群出现刺激症状	儿童、老年人及心脏病、呼吸系统疾病患者应减少长时间、高强度的户外锻炼
151～200	四级	中度污染	红色	进一步加剧易感人群症状，可能对健康人群的心脏、呼吸系统有影响	儿童、老年人及心脏病、呼吸系统疾病患者避免长时间、高强度的户外锻炼，一般人群适量减少户外活动
201～300	五级	重度污染	紫色	心脏病和肺病患者症状加剧，运动耐受力降低，健康人群普遍出现症状	儿童、老年人和心脏病、肺病患者留在室内，停止户外活动；一般人群减少户外活动
>300	六级	严重污染	橘红色	健康人群耐受力降低，有明显强烈症状，提前出现某些疾病	儿童、老年人和病人应留在室内，避免体力消耗，一般人群应避免户外活动

（二）空气质量分指数的分级依据

将单项污染物的空气质量指数称为某污染物的空气质量分指数（IAQI）。

根据《环境空气质量标准》的相关内容，分别规定了二氧化硫、二氧化氮和一氧化碳的 24 小时和 1 小时平均，PM_{10}、$PM_{2.5}$ 的 24 小时平均和臭氧的 1 小时平均和 8 小时滑动平均。空气质量分指数及对应的污染物项目浓度限值见表 3-2。

表 3-2　空气质量分指数及对应的污染物项目浓度限值

空气质量分指数（IAQI）	0	50	100	150	200	300	400	500
二氧化硫（SO_2）24 小时平均/（微克·立方米）	0	50	150	475	800	1600	2100	2620
二氧化硫（SO_2）1 小时平均/（微克·立方米）	0	150	500	650	800	①	①	①
二氧化氮（NO_2）24 小时平均/（微克·立方米）	0	40	80	180	280	565	750	940
二氧化氮（NO_2）1 小时平均/（微克·立方米）	0	100	200	700	1200	2340	3090	3840
PM_{10} 24 小时平均/（微克·立方米）	0	50	150	250	350	420	500	600
一氧化碳（CO）24 小时平均/（微克·立方米）	0	2	4	14	24	36	48	60
一氧化碳（CO）1 小时平均/（微克·立方米）	0	5	10	35	60	90	120	150
臭氧（O_3）1 小时滑动平均/（微克·立方米）	0	160	200	300	400	800	1000	1200
臭氧（O_3）8 小时滑动平均/（微克·立方米）	0	100	160	215	265	800	②	②
$PM_{2.5}$ 24 小时平均/（微克·立方米）	0	35	75	115	150	250	350	500

（左侧竖排表头：污染物项目浓度值）

①二氧化硫（SO_2）1 小时平均浓度值高于 800 微克/立方米的，不再进行其空气质量分指数计算，二氧化硫（SO_2）空气质量分指数按 24 小时平均浓度计算的分指数报告。

②臭氧（O_3）8 小时平均浓度值高于 800 微克/立方米的，不再进行其空气质量分指数计算，臭氧（O_3）空气质量分指数按 1 小时平均浓度值计算的分指数报告。

（三）空气质量指数的计算方法

首先，根据各种污染物的实测浓度及其分指数分级浓度限值计算各项空气质量分指数。当某种污染物实测质量浓度（C_p）处于两个浓度限值之间时，其空气质量分指数（IAQI）按下式计算：

$$IAQI_p = \frac{IAQI_{Hi} - LAQI_{Lo}}{BP_{Hi} - BP_{Lo}}(C_p - BP_{Lo}) + IAQI_{Lo} \qquad (3-10)$$

式中，$IAQI_p$——污染物 P 的空气质量分指数；

C_p——污染物 p 的实测质量浓度值；

BP_{Hi}，BP_{Lo}——分别为表 3-2 中与 C_p 相近的污染物 p 的浓度限值的高位值与低位值；

$IAQI_{Hi}$，$LAQI_{Lo}$——分别为表 3-2 中与 BP_{Hi}、BP_{Lo} 对应的空气质量分指数。

计算得到各项污染物的空气质量分指数后，AQI 为各项空气质量分指数中的最大值，即：

$$AQI = \max\{IAQI_1,\ IAQI_2,\ IAQI_3,\ \cdots,\ IAQI_n\} \qquad (3-11)$$

当 AQI 大于 50 时，IAQI 最大的污染物为首要污染物。

根据表 3-2 的限值，IAQI 大于 100，即超过了空气质量标准的二类标准浓度限值，属于超标污染物。

二、降水监测

降水监测的目的是了解在降雨（雪）过程中从空气中降落到地面的沉降物主要组成、某些污染组分的性质和含量，为分析和控制空气污染提供依据。

（一）采样点布设

降水采样点设置数目应视研究目的和区域具体情况确定。我国规定，对于常规监测，人口 50 万以上的城市布设三个采样点，50 万以下的城市布设两个采样点。

采样点的位置要兼顾城区、农村或清洁对照区，要考虑区域的环境特点，如气象、地形、地貌和工业分布等；应避开局部污染源，四周无遮挡雨、雪的高大树木或建筑物。

（二）样品采集

1. 采样器

（1）采集雨水使用聚乙烯塑料桶或玻璃缸，其上口直径为 40 厘米，高为 20 厘米。也可采用自动采样器。将足够数量的容积相同的采水瓶由高到低依次排列，当第一个采水瓶装满后则自动关闭，雨水继续流入第二、第三个采水瓶等。例如，在一次性降雨中，每 1 毫米降雨量收集 100 毫升雨水，共收集三瓶，以后的雨水再收集在一起。最好使用直入式自动采样器，即雨水能直接落入采水容器，不通过漏斗、管道等部件。这种采样器由降水强度传感器、采水容器和自动打开、关闭其盖子的控制器组成。

（2）采集雪水用上口直径为 50 厘米以上、高度不低于 50 厘米的聚乙烯塑料容器。

2. 采样方法

（1）每次降水开始，立即将清洁的采样器放置在预定的采样点支架上，采集全过程（开始到结束）水样。如遇连续几天降水，每天上午 8：00 开始，连续采集 24 小时为一次样。

（2）采样器应高于基础面 1.2 米以上。

（3）样品采集后，应贴上标签，标上编号，记录采样地点、日期、采样起止时间、降水量等。

降水起止时间、降水量、降水强度等可使用自动降水量计测量。这类仪器由降水量或降水强度传感器、变换器（转换成脉冲信号）、记录仪等组成。

3. 水样的保存

由于降水中含有尘、微生物等微粒，所以除测定 pH 和电导率的水样不过滤外，测定金属和非金属离子的水样均须用孔径 0.45 微米的滤膜过滤。

降水中的化学组分含量一般都很低，易发生物理变化、化学变化和生物作用，故采样后应尽快测定，如需要保存，一般不应添加保存剂，而应密封后放于冰箱中。

（三）降水组分的测定

1. 测定项目

测定项目应根据监测目的确定，我国环境监测技术规范对降水例行监测要求的测定项目如下：

Ⅰ级测点为：pH 值、电导率、K^+、Na^+、Ca^{2+}、Mg^{2+}、NH_4^+、SO_4^{2-}、NO_2^-、NO_3^-、F^-、Cl^-；有条件时应加测有机酸（甲酸、乙酸）。对 pH 和降水量，要做到逢雨必测；连续降水超过 24 小时时，每 24 小时采集一次降水样品进行分析。在当月有降水的情况下，每月测定不少于一次，可随机选一个或几个降水量较大的样品分析上述项目。

省、市监测网络中的Ⅱ、Ⅲ级测点视实际需要和可能决定测定项目。

2. 测定方法

（1）pH 值的测定

pH 值的测定是酸雨调查最重要的项目。清洁的雨水一般被二氧化碳饱和，pH 值为 5.6~5.7，雨水的 pH 值小于该值时即为酸雨。常用测定 pH 值的方法为玻璃电极法。

（2）电导率的测定

雨水的电导率大体上与降水中所含离子的浓度成正比，测定雨水的电导率能够快速地推测雨水中溶解性物质总量。一般用电导率仪或电导仪测定。

（3）硫酸根的测定

降水中的 SO_4^{2-} 主要来自气溶胶和颗粒物中可溶性硫酸盐及气态二氧化硫经催化氧化形成的硫酸雾，其一般浓度范围为每升几毫克至 100 毫克/升。该指标用于反映空气被含硫化合物污染的状况。其测定方法有铬酸钡-二苯碳酰二肼分光光度法、硫酸钡比浊法、离子色谱法等。

（4）亚硝酸根和硝酸根的测定

降水中的 NO_2^- 和 NO_3^- 来源于空气中的氮氧化物，是导致降水 pH 降低的原因之一。其测定方法有离子色谱法、盐酸萘乙二胺分光光度法、紫外分光光度法等。

（5）氟离子的测定

降水中 F^- 的含量是反映局部地区氟污染的指标，其测定方法有离子选择电极法、离子色谱法和氟试剂分光光度法等。

（6）氯离子的测定

氯离子是衡量空气中的氯化氢导致降水 pH 是否降低和判断海盐粒子影响大小的标志，测定方法有硫氰酸汞-高铁分光光度法、离子色谱法等。

（7）铵离子的测定

空气中的氨进入降水中形成铵离子，它们能中和酸雾，对抑制酸雨是有利的。然而，其随降水进入河流、湖泊后，增加了水中营养组分。测定 NH_4^+ 的方法有纳氏试剂分光光度法、水杨酸-次氯酸盐分光光度法、离子色谱法等。

（8）钾、钠、钙、镁离子的测定

降水中 K^+、Na^+ 的浓度一般在每升几毫克以下，常用原子吸收光谱法、离子色谱法测定。

Ca^{2+} 是降水中的主要阳离子之一，其浓度一般在每升几毫克至数十毫克，它对降水中酸性物质起着重要的中和作用。测定方法有原子吸收光谱法、络合滴定法、偶氮氯膦Ⅲ分光光度法等。

Mg^{2+} 在降水中的质量浓度一般在每升几毫克以下，常用原子吸收光谱法测定。

三、室内环境空气质量监测

室内环境是指工作、生活及其他活动所处的相对封闭的空间，包括住宅、办公室、学校教室、医院、娱乐等室内活动场所，室内环境空气质量与人体健康密切相关。室内空气质量主要关注有毒有害污染因子指标和舒适性指标两大类，目前我国规定并有参考值的室内空气质量监测项目分为物理、化学、生物和放射性参数。

（一）采样点布设

采样点的位置与数量根据室内面积与现场情况而定，原则上要能正确反映污染物的污染程度。

具体布点时应按对角线或者梅花形均匀布点，避开通风口，距墙壁大于 0.5 米，距门窗大于 1 米。与人的呼吸带高度一致，一般为 0.5~1.5 米，也可根据特征人群的高矮（如幼儿园）或者使用功能，人群在室内立、坐或卧时间的长短，确定采样高度。

采样应在对外门窗关闭 12 小时后进行。若室内采用集中空调，空调应正常运转。对于刚装修完的室内环境，采样应在装修完成 7 天以后进行，一般建议在使用前采样监测。

（二）采样方法和采样装置

根据污染物在室内空气中的存在状态，选择合适的采样方法和采样装置。

1. 采样方法

采样方法主要有筛选法和累积法。筛选法要求在采样前关闭门窗 12 小时，采样时关闭门窗，至少采样 45 分钟。对于要求年平均值、日平均值和 8 小时平均值的参数，先用筛选法采样，若测定结果符合标准要求，则达标。若结果不符合标准要求，再按照年平均值、日平均值和 8 小时平均值的要求，采用累积采样法采样，评价测定结果是否达标。

2. 采样装置

室内环境空气样品的采样器如采样袋可用于采集一氧化碳和二氧化碳；气泡吸收管或 U 形多孔玻板吸收管可用于采集二氧化硫、二氧化氮、氨气等气态或气溶胶态污染物；固体吸附管可用于采集总挥发性有机物、甲醛、苯、二甲苯等有机物；滤膜可用于采集颗粒物和苯并 [a] 芘等。

对于总菌落数项目的采样，采用撞击式空气微生物采样器。通过采样动力作用，使空气通过狭缝或小孔而产生高速气流，从而使悬浮在空气中的带菌粒子撞击到营养琼脂平板上。

（三）测定方法

新风量需要用到无色、无味、使用浓度无毒、安全、环境本底低、易采样、易分析的示踪气体，常用的示踪气体有一氧化碳、二氧化碳、六氟化硫、一氧化氮、八氟环丁烷和三氟溴甲烷。测定时在室内通入适量示踪气体后，将气源移至室外，同时采用摇摆扇搅动空气 3~5 分钟，使示踪气体分布均匀，再按对角线或梅花形布点采集空气样品，进行现场测定，用平均法或回归方程法计算空气交换率。

平均法是指当浓度均匀时采样，测定开始时示踪气体的浓度 c_0，15 分钟或 30 分钟后采样，测定最终示踪气体浓度 c_t，按下式计算空气交换律：

$$A = \frac{\ln c_0 - \ln c_t}{t} \tag{3-12}$$

式中，A ——空气交换率，h^{-1}；

c_0，c_t ——测量开始时和时间为 t 时的示踪气体质量浓度，毫克/立方米；

t ——测量时间，小时。

回归方程法是指当浓度均匀时在 30 分钟内按一定时间间隔测量示踪气体浓度，测量频次不少于 5 次。以浓度的自然对数对应的时间做图，用最小二乘法进行回归计算，回归方程式中的斜率即为空气交换率，具体计算式如下：

$$\ln c_t = \ln c_0 - At \tag{3-13}$$

新风量的计算见下式：

$$Q = AV \tag{3-14}$$

式中，Q——新风量，立方米/小时；

$\quad\quad V$——室内空气体积，立方米。

室内空气中细菌总数采用撞击法将空气中的带菌粒子撞击到营养琼脂平板后，将平板置于 $36\pm1℃$ 的恒温箱中，培养 48 小时，计数菌落数，并根据采样器的流量和采样时间，换算成单位体积空气中的菌落数。

室内空气中氡气的测定分两步，首先进行筛选测量，快速判定建筑物内是否含有高浓度氡气，若测量结果在 400 贝克/立方米以上，则应进行第二步——跟踪测量。

第四节　污染源监测与标准气的配置

一、污染源监测

空气污染源包括固定污染源和流动污染源。固定污染源又分为有组织排放源和无组织排放源，其中有组织排放源指烟道、烟囱及排气筒等，无组织排放源指设在露天环境中的无组织排放设施或无组织排放的车间、工棚等。它们排放的废气中既含有固态的烟尘和粉尘，也含有气态和气溶胶态的多种有害物质。流动污染源指汽车、火车、飞机、轮船等交通运输工具排放的废气，含有一氧化碳、氮氧化物、烃类、烟尘等。

（一）固定污染源监测

1. 监测目的和要求

监测目的：检查排放的废气有害物质含量是否符合国家或地方的排放标准和总量控制标准；评价净化装置及污染防治设施的性能和运行情况，为空气质量评价和管理提供依据。

进行监测时，要求生产设备处于正常运转状态下，对因生产过程而引起排放情况变化的污染源，应根据其变化特点和周期进行系统监测。

监测内容包括废气排放量、污染物排放浓度。

在计算废气排放量和污染物排放浓度时，都使用标准状态下的干气体体积。

2. 采样点的布设

能否正确地选择采样位置，确定适当的采样点数目，是决定能否获得代表性废气样品和尽可能地节约人力、物力的一项很重要的工作，应在调查研究的基础上，综合分析后确定。

（1）采样位置

采样位置应选在气流分布均匀稳定的平直管段上，避开弯头、变径管、三通管及阀门等易产生涡流的阻力构件。一般原则是按照废气流向，将采样断面设在阻力构件下游方向大于6倍管道直径处或上游方向大于3倍管道直径处。对于矩形烟道，其当量直径 $D = 2AB/(A + B)$，式中 A、B 为边长。即使客观条件难以满足要求，采样断面与阻力构件的距离也不应小于管道直径的1.5倍，并适当增加测点数目和采样频率。采样断面气流流速最好在5米/秒以上。此外，由于水平管道中的气流流速与污染物的浓度分布不如垂直管道中均匀，所以应优先考虑垂直管道，还要考虑方便、安全等因素。

（2）采样点数目

因烟道内同一断面上各点的气流流速和烟尘浓度分布通常是不均匀的，因此，必须按照一定原则进行多点采样。采样孔的位置、采样点的位置和数目主要根据烟道断面的形状、尺寸大小和流速分布情况确定。采样孔内径应不小于80毫米，采样孔管长应不大于50毫米。

①圆形烟道：在选定的采样断面上设两个相互垂直的采样孔，将烟道断面分成一定数量的同心等面积圆环，采样点设置在各环等面积中心线与垂直相交两条直径线的交点上。若采样断面上气流流速较均匀，可设一个采样孔，采样点数减半。当烟道直径小于0.3米，且气流流速均匀时，可在烟道中心设一个采样点。

②矩形烟道：将烟道断面分成一定数目的等面积矩形小块，各小块中心即为采样点位置，几个测点的采样孔设置在成一条直线的延长线上。

当水平烟道内积灰时，应从总断面面积中扣除积灰断面面积，按有效面积设置采样点。

在满足测压管和采样管到达各采样点位置的情况下，尽可能地少开采样孔，对正压下输送的高温或有毒废气的烟道应采用带有闸板阀的密封采样孔。

3. 基本状态参数的测量

烟道排气的体积、温度和压力是烟气的基本状态常数，也是计算烟气流速、颗粒物及有害物质浓度的依据。

（1）温度的测量

对于直径小、温度不高的烟道，可使用长杆水银温度计。测量时，应将温度计球部放在靠近烟道中心位置，读数时不要将温度计抽出烟道。

对于直径大、温度高的烟道，要用热电偶测温毫伏计测量。测温原理是将两根不同的金属导线连成闭合回路，当两接点处于不同温度环境时，便产生热电势，两接点温差越大，热电势越大。如果热电偶一个接点温度保持恒定（称为自由端），则热电偶的热电势大小便完全取决于另一个接点（称为工作端）的温度，用测温毫伏计测出热电偶的热电势，可得知工作端所处的环境温度。根据测温高低，选用不同材料的热电偶。测量 800℃以下的烟气用镍铬-康铜热电偶；测量 1300℃ 以下的烟气用镍铬-镍铝热电偶；测量 1600℃ 以下的烟气用铂-铂铬热电偶。

（2）压力的测量

烟气的压力分为全压（p_t）、静压（p_s）和动压（p_v）。静压是单位体积气体具有的势能，表现为气体在各个方向上作用于器壁的压力。动压是单位体积气体具有的动能，是使气体流动的压力。全压是气体在管道中流动具有的总能量。在管道中任意一点上，三者的关系为：$p_t = p_s + p_v$，所以，只要测出三项中任意两项，即可求出第三项。测量烟气压力常用测压管和压力计。

①测压管：常用的测压管有标准皮托管和 S 形皮托管。

标准皮托是一根弯成 90° 的双层同心圆管，前端呈半圆形，前方有一测孔与内管相通，用来测量全压；在靠近前端的外管壁上开有一圈小孔，通至后端的侧出口，用来测量静压。标准皮托管具有较高的测量精度，但测孔很小，当烟气中颗粒物浓度大时，易被堵塞，适用于测量颗粒物含量少的烟气。

S 形皮托管由两根相同的金属管并联组成，其测量端有两个大小相等、方向相反的开口，测量烟气压力时，一个开口面向气流，接受气流的全压，另一个开口背向气流，接受气流的静压。由于气体绕流的影响，测得的静压比实际值小，因此，在使用前必须用标准皮托管进行校正。因开口较大，适用于测颗粒物含量较高的烟气。

②压力计：常用的压力计有 U 形压力计和斜管式微压计。

U 形压力计是一个内装工作液体的 U 形玻璃管。常用的工作液体有水、乙醇、汞，视被测压力范围选用。U 形压力计用于测量烟气的全压和静压。

斜管式微压计由一截面较大的容器和一截面很小的玻璃管组成，内装工作液体，玻璃管上有刻度，以指示压力读数。测压时，将微压计容器开口与测压系统压力较高的一端连接，斜管（玻璃管）与压力较低的一端连接，则作用在两液面上的压力差使液柱沿斜管上升，指示出所测压力。斜管上的压力刻度是由斜管内液柱长度、斜管截面、斜管与水平面夹角及容器截面、工作液体密度等参数计算得到的。这种微压计用于测量烟气动压。

③测量方法：先检查压力计液柱内有无气泡，微压计和皮托管是否漏气，然后按照连接方法分别测量烟气的动压和静压。其中，使用 S 形皮托管测量静压时，只用一路测压管，将其开口插入测点，使开口平面平行于气流方向，出口端与 U 形压力计一端连接。

（3）流速和流量的计算

在测出烟气的温度、压力等参数后，按下式计算各采样点的烟气流速（v_s）：

$$v_s = K_p \cdot \sqrt{\frac{2p_v}{\rho}} \qquad (3-15)$$

式中，v_s ——烟气流速，米/秒；

　　　K_p ——皮托管校正系数；

　　　p_v ——烟气动压，帕；

　　　ρ ——烟气密度，千克/立方米。

标准状态下的烟气密度（ρ_n）和测量状态下的烟气密度（ρ_s）分别按下式计算：

$$\rho_n = \frac{M_s}{22.4} \qquad (3-16)$$

$$\rho_s = \rho_n \frac{273}{273 + t_s} \cdot \frac{p_a + p_s}{101325} \qquad (3-17)$$

将 ρ_s 代入烟气流速（v_s）计算式得下式：

$$v_n = 128.9 K_p \sqrt{\frac{(273 + t_s)p_v}{M_s(p_a + p_v)}} \qquad (3-18)$$

式中，M_s ——烟气的摩尔质量，千克/千摩尔；

　　　t_s ——烟气温度，℃；

　　　p_a ——大气压，帕；

　　　p_s ——烟气静压，帕。

当干烟气组分与空气近似，烟气露点为 35℃~55℃，烟气绝对压力为 97~103 千帕时，v_s 可按下列简化式计算：

$$v_s = 0.077 K_p \cdot \sqrt{273 + t_s} \cdot \sqrt{p_v} \qquad (3-19)$$

烟道断面上各测点烟气平均流速按下式计算：

$$\overline{v_n} = \frac{v_1 + v_2 + \cdots + v_n}{n} \qquad (3-20)$$

或

$$\overline{v_s} = 128.9 K_p \cdot \sqrt{\frac{273 + t_s}{M_s(p_a + p_s)}} \cdot \overline{\sqrt{p_v}} \qquad (3-21)$$

式中，$\overline{v_s}$ ——烟气平均流速，米/秒；

　　　v_1、v_2、$\cdots$、v_n ——断面上各采样点烟气流速，米/秒；

　　　n ——采样点数；

　　　$\overline{\sqrt{p_v}}$ ——各采样点动压平方根的平均值。

烟气流量按下式计算：

$$q_{v,s} = 3600 \overline{v_s} \cdot A \qquad (3-22)$$

式中，$q_{v,s}$——烟气流量，立方米/小时；

A——测量断面面积，平方米。

标准状态下干烟气流量按下式计算：

$$q_{v,nd} = q_s(1 - X_w) \cdot \frac{p_a + p_s}{101325} \cdot \frac{273}{273 + t_s} \qquad (3-23)$$

式中，$q_{v,nd}$——标准状态下烟气流量，立方米/小时；

p_s——烟气静压，帕；

p_a——大气压，帕；

X_w——烟气含湿量（体积分数），%。

4. 含湿量的测定

与空气相比，烟气中的水蒸气含量较高，变化范围较大，为便于比较，监测方法规定以除去水蒸气后标准状态下的干烟气为基准表示烟气中的有害物质的测定结果。含湿量的测定方法有重量法、冷凝法、干湿球温度计法等。

（1）重量法

从烟道采样点抽取一定体积的烟气，使之通过装有吸收剂的吸收管，则烟气中的水蒸气被吸收剂吸收，吸收管增加的质量即为所采烟气中水蒸气的质量。

装置中的过滤器可防止颗粒物进入吸收管；保温或加热可防止水蒸气冷凝；U 形吸收管由硬质玻璃制成，常装入的吸收剂有氯化钙、氧化钙、硅胶、氧化铝、五氧化二磷、过氯酸镁等。

（2）冷凝法

抽取一定体积的烟气，使其通过冷凝器，根据获得的冷凝水量和从冷凝器排出烟气中的饱和水蒸气量计算烟气的含湿量。该方法测定装置将重量法测定装置中的吸收管换成专用的冷凝器，其他部分相同。

（3）干湿球温度计法

烟气以一定流速通过干湿球温度计，根据干湿球温度计读数及有关压力计算含湿量。

5. 烟尘浓度的测定

（1）原理

抽取一定体积烟气通过已知质量的捕尘装置，根据捕尘装置采样前后的质量差和采样体积，计算烟尘浓度；测定烟尘浓度必须采用等速采样法，即采样速度（烟气进入采样嘴的流速）应与采样点烟气流速相等，采样流速大于或小于采样点烟气流速都将造成测定误差。

（2）采样类型

分为移动采样、定点采样和间断采样。移动采样是用一个捕集器在已确定的采样点上移动采样，各点采样时间相同，计算出断面上烟尘的平均浓度。定点采样是在每个测点上采一个样，求出断面上烟尘平均浓度，并可了解断面上烟尘浓度变化情况。间断采样适用于有周期性变化的排放源，即根据工况变化情况，分时段采样，求出时间加权平均浓度。

（3）等速采样法

①预测流速（或普通采样管）法：该方法在采样前先测出采样点烟气的温度、压力、含湿量，计算出流速，再结合采样嘴直径计算出等速采样条件下各采样点的采样流量。采样时，通过调节流量调节阀，按照计算出的流量采样。

由于预测流速法测定烟气流速与采样不是同时进行的，故仅适用于烟气流速比较稳定的污染源。

常见的滤筒采样管有超细玻璃纤维滤筒采样管和刚玉滤筒采样管。它们由采样嘴、滤筒夹及滤筒、连接管组成。采样嘴的形状应以不扰动气口内外气流为原则，为此，其入口角度不应大于45°，嘴边缘的壁厚不超过0.2毫米，与采样管连接的一端内径应与连接管内径相同。超细玻璃纤维滤筒适用于500℃以下的烟气。刚玉滤筒由刚玉砂等烧结制成，适用于1000℃以下的烟气。这两种滤筒对0.5微米以上的烟尘捕集效率都在99.9%以上。

②皮托管平行测速采样法：该方法将采样管、S形皮托管和热电偶温度计固定在一起插入同一采样点，根据预先测得烟气的静压、含湿量和当时测得的动压、温度等参数，结合选用的采样嘴直径，由编有程序的计算器及时算出等速采样流量，迅速调节转子流量计至所要求的读数。此法与预测流速法的不同之处在于测定流量和采样几乎同时进行，适用于工况易发生变化的烟气。

③动态平衡型等速管采样法：该方法利用装置在等速采样管中的孔板在采样抽气时产生的压差与等速采样管平行放置的S形皮托管所测出的烟气动压相等来实现等速采样。当工况发生变化时，通过双联斜管微压计的指示，可及时调整采样流量，随时保持等速采样条件。在等速采样装置中，如装上累积流量计，可直接读出采样总体积。此外，还有静压平衡型采样法等。

7. 烟气黑度的测定

烟气黑度是一种用视觉方法监测烟气中排放的有害物质情况的指标。尽管难以确定这一指标与烟气中有害物质含量之间的精确对应关系，也不能取代污染物排放量和排放浓度的实际监测，但其测定方法简便易行，成本低廉，适合反映燃煤类烟气中有害物质的排放情况。测定烟气黑度的主要方法有林格曼黑度图法、测烟望远镜法、光电测烟仪法等。

（1）林格曼黑度图法

该方法是把林格曼黑度图放在适当的位置上，将图上的黑度与烟气的黑度（不透光度）相比较，凭人的视觉对烟气的黑度进行评价。

我国使用的林格曼黑度图由 6 个不同黑度的小块（14 厘米×21 厘米）组成，除全白与全黑分别代表林格曼黑度 0 级和 5 级外，其余 4 块是在白色背景底上画上不同宽度的黑色条格，根据黑色条格在整个小块中面积的百分数来确定级别，黑色条格的面积占 20% 为 1 级，占 40% 为 2 级，占 60% 为 3 级，占 80% 为 4 级。

测定应在白天进行。观测刚离开烟囱、黑度最大部位的烟气，每分钟观测 4 次，每次观测约 15 秒，连续观测烟气黑度的时间不少于 30 分钟。在 30 分钟内，如果出现 2 级林格曼黑度的累计时间超过 2 分钟，则烟气黑度计为 2 级；出现 3 级林格曼黑度的累计时间超过 2 分钟，计为 3 级；出现 4 级林格曼黑度的累计时间超过 2 分钟，计为 4 级；出现超过 4 级林格曼黑度时，计为 5 级。如果烟气黑度介于两个林格曼黑度级别之间，可估计一个 0.5 级或 0.25 级林格曼黑度。

采用林格曼黑度图监测烟气黑度的结果取决于观测者的判断能力，其观测到的黑度读数也与空气的均匀性、亮度，风速，烟囱的大小和形状，以及观测时照射光线的角度有关。

（2）测烟望远镜法

测烟望远镜是在望远镜筒内安装了一个圆形光屏板，光屏板的一半是透明玻璃，另一半是 0~5 级林格曼黑度图。观测时，透过光屏板的透明玻璃部分观看烟囱出口烟气的烟色，通过与光屏板另一半的林格曼黑度图比较，确定烟气黑度的级别。

该方法对观测条件的要求和计算烟气黑度级别的方法同林格曼黑度图法。

（3）光电测烟仪法

该方法是利用测烟仪内的光学系统搜集烟气的图像，把烟气的透光率与仪器内安装的标准黑度板的透光率（标准黑度板的透光率是根据林格曼黑度分级定义确定的）比较，经光学系统处理后，用光电检测系统把光信号转换成电信号，自动显示和打印烟气的林格曼黑度级别。利用这种仪器测定烟气黑度，可以排除观测者视觉因素的影响。

8. 烟气组分的测定

烟气组分包括主要气体组分和微量有害气体组分。主要气体组分为氮、氧、二氧化碳和水蒸气等。测定这些组分的目的是考察燃料燃烧情况和为烟尘测定提供计算烟气密度、分子量等参数的数据。微量有害气体组分为氮氧化物、硫氧化物和硫化氢等。

（1）样品的采集

由于气态和蒸气态物质分子在烟道内分布比较均匀，不需要多点采样，在靠近烟道中心的任何一点都可采集到具有代表性的气样。同时，气体分子质量极小，可不考虑惯性作用，故也不需要等速采样。若需气样量较少时，用适当容积的注射器采样，或者在注射器接口处通过双连球将气样压入塑料袋中。如在现场用仪器直接测定，则用抽气泵将样气通过采样管、除湿器抽入分析仪器。因为烟气湿度大、温度高，烟尘及有害气体浓度大，并具有腐蚀性，故在采样管头部装有烟尘过滤器，采样管需要加热或保温并且耐腐蚀，防止水蒸气冷凝而导致被测组分损失。

（2）主要气体组分（一氧化碳、二氧化碳、氧气、氮气）的测定

烟气中的主要气体组分可采用奥氏气体分析器吸收法和仪器分析法测定。

奥氏气体分析器吸收法的原理：用不同的吸收液分别对烟气中各组分逐一进行吸收，根据吸收前后烟气体积的变化，计算各组分在烟气中所占体积分数。奥氏气体分析器用氢氧化钾溶液作为二氧化碳的吸收液，焦性没食子酸溶液作为氧气的吸收液，氯化铵溶液作为一氧化碳的吸收液。由于焦性没食子酸吸收液既能吸收氧也能吸收二氧化碳，因此必须按一氧化碳—氧气——一氧化碳吸收顺序操作。当烟气中一氧化碳含量低于0.5%时，不宜用此法。

仪器分析法如用定电位电解分析仪或非色散红外气体分析仪测定一氧化碳，用氧化锆氧分析仪或磁氧分析仪、膜电极式氧分析仪测定氧的含量等。

（3）微量有害气体组分的测定

对含量较低的有害气体组分，其测定方法原理大多与空气中气态有害组分相同。

（二）流动污染源监测

汽车、火车、飞机、轮船等排放的废气主要是化石燃料燃烧释放的尾气，特别是汽车，数量大，排放的有害气体是造成空气污染的主要原因之一。废气中主要含有一氧化碳、氮氧化物、烃类、烟尘和少许二氧化硫、醛类、苯并[a]芘等有害物质。近年来，我国积极制订和颁布了一系列大气移动污染源的排放限值，如轻型汽车、轻便摩托车、船舶、轻型混合动力电动汽车等。

目前我国规定的轻型汽车是指最大总质量不超过3500千克的载客汽车或者载货汽车。

对于装点燃式发动机或压燃式发动机的轻型汽车，根据燃料不同，规定了不同型式试验下的排放污染物的核准以及测定方法。

1. 气体排放物的测定

将汽车放置在带有负荷和惯量模拟的底盘测功机上，进行采样测定。对汽车排气是经过环境空气连续稀释后采样，因此须采集稀释排气和空气样品，进行后续分析。样气的浓度按照空气中的污染物含量进行修正。

可利用采气袋进行采样，采气袋的材料对混合污染气体浓度的改变要求在取样结束后20分钟内不得大于±2%。

如果车辆安装了尾气处理装置，稀释排气应在处理装置的下游、抽气装置的上游采样；流速的变化不得超过平均值的±2%；采样流量不得低于5升/分钟，并且不得超过稀释排气量的0.2%。稀释空气的采样口应靠近环境空气的进口，以恒定流量采样，其采样流量应与稀释排气的采样流量接近。

2. 颗粒物的测定

颗粒物的采样装置应包括采样探头、颗粒物导管、过滤器、采样泵，以及流量调节器和测量单元。采样点设置在稀释通道中，从均匀的空气、排气混合气中进行采样。采样流量应与总稀释流量成比例，误差在±5%以内。在气样进入过滤器前，设置粒径切割器，以采集不同粒径的颗粒物，样品收集在过滤器内的单　滤纸上，采用带有碳氟化合物涂层的玻璃纤维滤纸或以碳氟化合物为基体的薄膜滤纸。对滤纸在采样前后的称重条件要求为：温度保持在（22±3）℃，相对湿度保持在（45±8）℃，露点保持在（9.5±3）℃。

二、标准气的配制

在空气和废气监测中，标准气如同标准溶液、标准物质那样重要，是检验监测方法、评价采样效率、绘制标准曲线、校准分析仪器及进行监测质量控制的依据。配制低浓度标准气的方法，通常分为静态配气法和动态配气法。

（一）静态配气法

静态配气法是把一定量的气态或蒸气态的原料气加入已知容积的容器中，再充入稀释气体，混匀制得。标准气的浓度根据加入原料气和稀释气的量及容器容积计算得知。所用原料气可以是纯气，也可以是已知浓度的混合气，其纯度须用适宜的分析方法测定。

静态配气法的优点是所用设备简单，操作容易，但有些气体化学性质较活泼，长时间与容器壁接触可能发生化学反应。同时，容器壁也有吸附作用，故会造成配制气体浓度不准确或其浓度随放置时间而变化，特别是配制低浓度标准气，常引起较大的误差。对活泼性较差且用量不大的标准气，用该方法配制较简便。常用的方法有注射器配气法、配气瓶配气法、塑料袋配气法及高压钢瓶配气法。

1. 注射器配气法

配制少量标准气时，用100毫升注射器吸取原料气，再经数次稀释制得。例如，用100毫升注射器取10毫升纯度99.99%（体积分数）的一氧化碳气体，用净化空气稀释至100毫升，摇动注射器中的聚四氟乙烯薄片，使之混合均匀后，排出90毫升，剩余10毫升混合气再用净化空气稀释至100毫升，如此连续稀释6次，最后获得一氧化碳体积分数为1×10^{-6}的标准气。

2. 配气瓶配气法

（1）常压配气

取 20 升玻璃瓶或聚乙烯塑料瓶，洗净、烘干，精确标定容积后，将瓶内抽成负压，用净化空气冲洗几次，再排净抽成负压，加入一定量的原料气，充入净化空气至大气压，充分摇动混匀。气体定量管体积应先精确标定好。取气时，将气体定量管与钢瓶气嘴相连，打开钢瓶阀门，用原料气冲洗气体定量管并放空，再关闭钢瓶阀门和气体定量管两端旋塞。将气体定量管接到抽成负压的配气瓶长管端，另一端与净化空气连通，打开旋塞，用净化空气将气体定量管中气体全部充入配气瓶中，待瓶内压力与大气压相等时，停止充气。所配制标准气的质量浓度用下式计算：

$$\rho = \frac{b \cdot V_i \cdot M}{V_m \cdot V} \times 10^3 \tag{3-24}$$

式中，ρ——配得标准气的质量浓度，毫克/立方米；

　　　　b——原料气的纯度（体积分数），%；

　　　　V_i——加入原料气的体积，即气体定量管的容积，毫升；

　　　　V——配气瓶容积，升；

　　　　M——原料气分子的摩尔质量，克/摩尔；

　　　　V_m——原料气摩尔体积，升/摩尔。

当用易挥发的液体配气时，应取一只带细长毛细管的薄壁玻璃小安瓿，洗净，烘干，冷却后称重（m_1），再稍加热，立即将安瓿瓶毛细管尖端插入易挥发液体中，则随着安瓿瓶冷却，易挥发液体被吸入安瓿，取出并迅速在火焰上熔封毛细管口，冷却后称重（m_2）。两次称重质量之差为装入安瓿的易挥发液体的质量。将安瓿放入配气瓶内，抽成负压，摇动打破安瓿瓶，则液体挥发，再向配气瓶内充净化空气至大气压，混匀。所配标准气质量浓度按下式计算：

$$\rho = \frac{(m_2 - m_1) \cdot b}{V} \times 10^6 \tag{3-25}$$

式中，ρ——所配标准气的质量浓度，毫克/立方米；

　　　　m_1、m_2——空安瓿质量和吸入易挥发液体后的安瓿质量，克；

　　　　b——易挥发液体纯度（质量分数），%；

　　　　V——配气瓶的容积，升。

如果已知易挥发性液体密度，可用注射器取定量液体注入抽成真空的配气瓶中，待液体挥发后，再充入净化空气至大气压，混匀，按下式计算所配气体质量浓度（ρ）：

$$\rho = \frac{\rho_i \cdot V_i \cdot b}{V} \times 10^6 \tag{3-26}$$

式中，ρ_i——易挥发液体的密度，克/毫升；

　　　　V_i——所取易挥发液体的体积，毫升；

其他项含义同前。

使用配气瓶进行常压配气的主要问题是：在标准气使用过程中，净化空气将由进气口进入瓶中，使原气体被稀释，浓度降低。当进入的净化空气与原气体能迅速混合时，则用掉10%标准气后，剩余标准气的浓度约降低5%，故常压配气取气量不能太大。为减小标准气在使用过程中的浓度变化，可将几个同浓度标准气的配气瓶串联使用。例如，将5个同浓度标准气的同容积配气瓶串联使用时，当取气量为一个配气瓶容积的3倍时，标准气浓度约改变5%，故可使取气量增加。

（2）正压配气

所配标准气略高于一个大气压，配气瓶由耐压玻璃制成，预先校准容积。配气时，将瓶中气体抽出，用净化空气冲洗三次，充入近于大气压的净化空气，再用注射器注入所需体积的原料气，继续向配气瓶内充入净化空气，达到一定压力（如绝对压力133千帕），放置1小时后即可使用。所配标准气浓度按下式计算：

$$\rho = \frac{p_0 \cdot b \cdot V_i \cdot M}{(p_0 + p') \cdot V_m \cdot V} \times 10^3 \qquad (3-27)$$

式中，ρ——所配标准气的质量浓度，毫克/立方米；

　　　　V_i——加入原料气的体积，毫升；

　　　　b——原料气的纯度（体积分数），%；

　　　　p_0——大气压，千帕；

　　　　p'——U形压力计读数，千帕；

　　　　V——配气瓶容积，升；

　　　　M——原料气分子的摩尔质量，克/摩尔；

　　　　V_m——原料气的摩尔体积，升/摩尔。

3. 高压钢瓶配气法

该方法用钢瓶作容器配制具有较高压力的标准气。按配气计量方法不同，分为压力配气法、流量配气法、体积配气法和重量配气法。其中，重量配气法最准确，应用比较广泛。该方法应用高载荷精密天平称量装入钢瓶中的气体组分质量，依据各组分的质量比计算所配标准气的浓度。配气工作在专用的配气系统装置上进行。

（二）动态配气法

对于标准气用量较大或通标准气时间较长的实验工作，静态配气法不能满足要求，需要用动态配气法。这种方法使已知浓度的原料气与稀释气按恒定比例连续不断地进入混合器混合，从而可以连续不断地配制并供给一定浓度的标准气，根据两股气流的流量比可计算出稀释倍数，根据稀释倍数可计算出标准气的浓度。

动态配气法不但能提供大量标准气，而且可通过调节原料气和稀释气的流量比获得所需浓度的标准气，尤其适用于配制低浓度的标准气。但是，这种方法所用仪器设备较静态配气法复杂，不适合配制高浓度的标准气。下面介绍几种常用动态配气法。

1. 连续稀释法

将原料气以恒定小流量送入混合器，被较大量的净化空气（稀释气）稀释，用流量计准确测量两种气体的流量，按下式计算所配标准气的质量浓度：

$$\rho = \rho_0 \cdot \frac{q_{V,0}}{q_V + q_{V,0}} \qquad (3-28)$$

式中，ρ、ρ_0——所配标准气和原料气的质量浓度，毫克/立方米；

q_V、$q_{V,0}$——稀释气和原料气的流量，毫升/分钟。

2. 负压喷射法

负压喷射法配气原理示于图 3-1。当稀释气流 F 以 q_V（升/分钟）的流量进入固定喷管 A，再从狭窄的喷口处向外放空时，造成毛细管 R 的左端压力 p' 低于 ρ_0，此时 B 管处于负压状态。容器 D 内压力为大气压，装有已知质量浓度 ρ_0 的原料气，它通过毛细管 R 与 B 管相连。由于 B 管两端有压力差，使原料以 $q_{v,0}$（毫升/分钟）的流量从容器 D 经毛细管 R 从 B 管左端喷出，与稀释气充分混合，配成一定浓度的标准气，其质量浓度按下式计算：

$$\rho = \frac{q_{v,0} \cdot \rho_0}{q_v} \times 10^3 \qquad (3-29)$$

式中各项含义同连续稀释法配制标准气质量浓度的计算式。

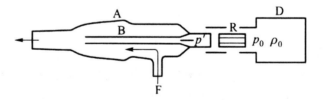

图 3-1 负压喷射法配气原理

3. 渗透管法

渗透管是动态配气用的一种原料气气源，主要由装原料液的小容器和渗透膜组成，小容器由耐腐蚀和耐一定压力的惰性材料制作，渗透膜用聚四氟乙烯或聚氟乙烯塑料制成帽状，套在小容器的颈部，其厚度小于 1 毫米。它的塑料帽上部是薄壁渗透面，玻璃小安瓿瓶内气体分子在其蒸气压作用下，通过薄壁渗透面向外渗透，单位时间内的渗透量称为渗透率（q）。由于渗透出来的气体分子立即扩散开来，并被稀释气带走，故浓度很小，分压可认为是零，其渗透率用下式表示：

$$q = -D \cdot A \cdot \frac{p}{l} \qquad (3-30)$$

式中，D——气体分子的渗透系数；

A——薄壁渗透面面积；

p——原料液的饱和蒸气压；

l——渗透膜厚度；

负号表示气体分压从管内到管外是减小的。

对特定渗透管而言，D、A、l 均为固定值，故渗透率仅与原料液的饱和蒸气压有关。当温度一定时，原料液的饱和蒸气压也是一定的，因此，渗透率不变。改变原料液温度，即改变饱和蒸气压，或者改变稀释气体的流量，可以配制不同浓度的标准气。

用渗透管法配制标准气，必须测定原料液的渗透率，其测定方法有重量法、化学分析法等。重量法测定渗透率的要点是：将渗透管放在小干燥瓶中，瓶底装有干燥剂（硅胶、氯化钙等）和吸收剂（酸性气体用氢氧化钠，碱性气体用硼酸）。渗透管与干燥剂和吸收剂之间用带孔隔板分开，并在干燥瓶中插一根精密温度计。将装有渗透管的干燥瓶放在恒温水浴中，温度控制在（25±0.1）℃或（30±0.1）℃，经过一定时间间隔，用精密天平快速称量渗透管的质量。两次称量质量之差为渗透量，用下式计算渗透率：

$$q = \frac{m_1 - m_2}{t_2 - t_1} \times 10^3 \qquad (3-31)$$

式中，q——渗透率，微克/分钟；

m_1、m_2——时间 t_1（分钟）和 t_2（分钟）时渗透管的质量，毫克。

测定一系列渗透量，分别计算渗透率，取其平均值，作为该渗透管在测定温度下的渗透率。

4. 气体扩散法

气体扩散法的原理基于气体分子从液相扩散至气相中，再被稀释气流带走，通过控制扩散速度和调节稀释气流量配制不同浓度的标准气。它由毛细管和圆柱形储料池组成，两部分用精密磨口连接。将三聚甲醛晶体粉末装入储料池，于80℃水浴上加热，使之熔化为液体后取出，放在平台上冷却、凝固，形成平面扩散层。

5. 电解法

常用于制备二氧化碳标准气。方法原理是：在电解池中放入草酸溶液，插入两根铂丝电极，电极间施加恒流电源，则 $C_2O_4^{2-}$ 在阳极上被氧化，生成二氧化碳（CO_2）。当电流效率为100%时，控制一定的电解电流，便能产生一定量的二氧化碳气体。用一定流量稀释气将二氧化碳带出，就能得到所需浓度的二氧化碳标准气，其浓度可用法拉第电解定律计算出来。

第四章　土壤与固体废物监测

第一节　固体废物与固体废物样品采集

一、固体废物概述

(一) 固体废物的定义和分类

固体废物是指在生产、建设、日常生活和其他活动中产生的污染环境的固态、半固态废弃物质。

固体废物主要来源于人类的生产和消费活动。它的分类方法很多，按化学性质可分为有机废物和无机废物，按形状可分为固体废物和泥状废物，按危害状况可分为危险废物（亦称有害废物）和一般废物，按来源可分为工业固体废物、矿业固体废物、生活垃圾（包括下水道污泥）、电子废物、农业固体废物和放射性固体废物等。

工业固体废物是指在工业、交通等生产活动中产生的固体废物。生活垃圾是指在城市日常生活中或者为城市日常生活提供服务的活动中产生的固体废物，以及法律、行政法规规定视为生活垃圾的固体废物。被丢弃的非水液体，如废变压器油等，由于无法归入废水、废气类，习惯上归在固体废物类。

在固体废物中，对环境影响最大的是工业固体废物和生活垃圾。

(二) 危险废物的定义和鉴别

危险废物是指在《国家危险废物名录》中，或根据国务院环境保护主管部门规定的危险废物鉴别标准认定的具有危险的废物。工业固体废物中危险废物量占总量的 5%～10%，并以 3% 的年增长率发展。因此，对危险废物的管理已经成为重要的环境管理问题之一。

一种废物是否对人类和环境造成危害可用下列四点来鉴别：①是否引起或严重导致人类和动、植物死亡率增加；②是否引起各种疾病的增加；③是否降低对疾病的抵抗力；④在储存、运输、处理、处置或其他管理不当时，是否会对人体健康或环境造成现实或潜在的危害。

由于上述定义没有量值规定，因此在实际使用时往往根据废物具有潜在危害的各种特性及其物理、化学和生物的标准试验方法对其进行定义和分类。危险特性包括易燃性、腐蚀性、反应性、放射性、浸出毒性、急性毒性（包括口服毒性、吸入毒性和皮肤吸收毒性），以及其他毒性（包括生物积累性、刺激性或过敏性、遗传变异性、水生生物毒性和传染性等）。

我国对危险废物的危险特性的定义如下：

（1）急性毒性：能引起小鼠（或大鼠）在 48 小时内死亡半数以上的固体废物，参考制定的有害物质卫生标准的试验方法，进行半数致死量（LD_{50}）试验，评定毒性大小。

（2）易燃性：经摩擦或吸湿和自发的变化具有着火倾向的固体废物（含闪点低于 60℃的液体），着火时燃烧剧烈而持续，在管理期间会引起危险

（3）腐蚀性：含水固体废物，或本身不含水但加入定量水后其浸出液的 pH≤2 或 pH≥12.5 的固体废物，或在 55℃以下时对钢制品每年的腐蚀深度大于 0.64 厘米的固体废物。

（4）反应性：当固体废物具有下列特性之一时为具有反应性：①在无爆震时就很容易发生剧烈变化；②和水剧烈反应；③能和水形成爆炸性混合物；④和水混合会产生毒性气体、蒸气或烟雾；⑤在有引发源或加热时能爆震或爆炸；⑥在常温、常压下易发生爆炸或爆炸性反应；⑦其他法规所定义的爆炸品。

（5）放射性：含有天然放射性元素，放射性比活度大于 3700 贝克/千克的固体废物；含有人工放射性元素的固体废物或者放射性比活度（以贝克/千克为单位）大于露天水源限值 10~100 倍（半衰期>60 天）的固体废物。

（6）浸出毒性：按规定的浸出方法进行浸取，所得浸出液中有一种或者一种以上有害成分的质量浓度超过表 4-1 所示鉴别标准的固体废物。

表 4-1 中国危险废物浸出毒性鉴别标准（节选）

序号	项目	浸出液的最高允许质量浓度/（毫克/升）
1	汞（以总汞计）	0.1
2	镉（以总镉计）	1
3	砷（以总砷计）	5
4	铬（以六价铬计）	5
5	铅（以总铅计）	5
6	铜（以总铜计）	100

序号	项目	浸出液的最高允许质量浓度/（毫克/升）
7	锌（以总锌计）	100
8	镍（以总镍计）	5
9	铍（以总铍计）	0.02
10	无机氟化物（不包括氟化钙）	100

二、固体废物样品的采集和制备

为了使采集的样品具有代表性，在采集样品之前要调查研究生产工艺流程、废物类型、排放数量、堆积历史、危害程度和综合利用情况。如采集危险废物，则应根据危险特性采取相应的安全措施：

（一）样品的采集

1. 采样工具

固体废物的采样工具包括尖头钢锹、钢尖镐（腰斧）、采样铲（采样器）、具盖采样桶或内衬塑料的采样袋。

2. 采样方案的制订

采样前应当先进行采样方案的设计，内容包括采样目的、背景调查和现场踏勘、采样程序、安全措施、质量控制、采样记录和报告等。

（1）采样目的

采样的具体目的根据固体废物监测的目的来确定，固体废物的监测目的主要包括：鉴别固体废物的特性并对其进行分类，进行固体废物环境污染监测，为综合利用或处置固体废物提供依据；污染环境事故调查分析和应急监测；科学研究或环境影响评价等。

（2）背景调查和现场踏勘

进行现场踏勘时，应着重了解工业固体废物的以下几方面：

①生产单位或处置单位。

②种类、形态、数量和特性（物理特性和化学特性）。

③实验及分析的误差和要求。

④环境污染、监测分析的历史资料。

⑤产生、堆存、综合利用及现场和周围情况，了解现场和周围环境。

（3）采样程序

①批量是构成一批固体废物的质量，而份样是指用采样器一次操作由一批固体废物中的一个点或部位按规定质量取出的样品，应根据固体废物批量确定应采的份样数。

②根据固体废物的最大粒度（95%以上能通过的最小筛孔尺寸）确定份样量。

③根据采样方法，随机采集份样，组成总样，并认真填写采样记录表。

3. 份样数

当已知份样间的标准偏差和允许误差时，可按下式计算份样数：

$$n \geqslant \left(\frac{ts}{\delta}\right)^2 \tag{4-1}$$

式中，n——份样数；

s——份样间的标准偏差；

δ——采样允许误差；

t——选定置信度下的 t 值。

由于公式中的 n 和 t 是相关的，计算时，先取 n 为 $+\infty$，在指定的置信度下从 t 值表中查出相应的 t 值，代入公式计算出 n 的初值。再用 n 的初值在指定置信度下查出相应的 t 值，将 t 值再代入公式计算下一个 n 值，如此不断迭代，直至算得的 n 值不变为止，此 n 值即为必要的份样数。

4. 份样量

份样量是指构成一个份样的固体废物的质量。一般情况下，样品多一些才有代表性。因此，份样量不能少于某一限度。份样量达到一定限度之后，再增加质量也不能显著提高采样的准确度。份样量取决于固体废物的粒度，固体废物的粒度越大均匀性就越差，份样量就应越多。最小份样量大致与固体废物最大粒径的 α 次方成正比，与固体废物的不均匀程度成正比。可按切乔特公式计算最小份样量：

$$m \geqslant K \cdot d_{\max}^{\alpha} \tag{4-2}$$

式中，m——最小份样量，千克；

$d_{\max}$——固体废物的最大粒径，毫米；

K——缩分系数；

α——经验常数。

K 和 α 根据固体废物的均匀程度和易碎程度而定，固体废物越不均匀 K 值越大，一般情况下，推荐 $K = 0.06$，$\alpha = 1$。

液态固体废物的份样量以不小于 100 毫升的采样瓶（或采样器）容量为准。每个份样量应大致相等，其相对误差不大于 20%。采样铲容量要保证一次在一个地点或部位能取到足够的份样量。

5. 采样点

应按以下原则确定采样点：

（1）对于堆存、运输中的固态工业固体废物和大池（坑、塘）中的液态工业固体废物，可按对角线、梅花形、棋盘式、蛇形等布点法确定采样点。

（2）对于粉末状、小颗粒状的工业固体废物，可按垂直方向、一定深度的部位等布点法确定采样点。

（3）对于运输车及容器内的固体废物，按表 4-2 选取所需最少采样车数（容器数），可按上部（表面下相当于总体积的 1/6 深处）、中部（表面下相当于总体积的 1/2 深处）、下部（表面下相当于总体积的 5/6 深处）确定采样点。

表 4-2　所需最少采样车数（容器数）的确定

运输车数（容器数）	所需最少采样车数（容器数）
<10	5
10~25	10
25~50	20
50~100	30
>100	50

（4）在运输一批固体废物时，当运输车数不多于该批废物的规定份样数时，每车应采份样数按下式计算：

$$每车应采份样数（小数应进为整数）= \frac{规定份样数}{运输车数} \quad (4-3)$$

当运输车数多于规定份样数时，按表 4-2 确定所需最少采样车数，从所选车中随机采集一个份样。

（5）在废物堆布设采样点时，在废物堆两侧距堆底边缘 0.5 米处画第一条横线，然后每隔 0.5 米画一条横线，每隔 2 米画一条横线的垂线，其交点作为采样点。

6. 采样方法

（1）简单随机采样法

对一批固体废物了解很少，且采集的份样较分散也不影响分析结果时，可对其不做任何处理，也不进行分类和排队，而是按照其原来的状况从中随机采集份样。

①抽签法：先对所有采集份样的部位进行编号，同时将代表采集份样部位的号码写在纸片上，掺和均匀后，从中随机抽取纸片，抽中号码代表的部位就是采集份样的部位。此

法只适宜在采样点不多时使用。

②随机数字表示法：先对所采份样的部位进行编号，有多少部位就编多少号，最大编号是几位数字就使用随机数表的几栏（或几行），并把这几栏（或行）合在一起使用，从随机数表的任意一栏或任意一行数字开始数，碰到小于或等于最大编号的数字就记下来，碰到已抽过的数字就舍弃，直至抽够份样数为止，抽到的号码就是采集份样的部位。

（2）系统采样法

在生产现场按一定顺序排列或以运送带、管道等形式连续排出的固体废物，应先确定废物的批量，然后按一定的质量或时间间隔采集一个份样，份样间的间隔可根据公式计算出的份样数及实际批量按下式计算：

$$T \leqslant \frac{Q}{n} \text{ 或 } T' \leqslant \frac{60Q}{G \cdot n} \tag{4-4}$$

式中，T——采样质量间隔，吨；

Q——批量，吨；

n——份样数，按公式计算；

T'——采样时间间隔，分钟；

G——废物每小时排出量，吨/小时。

采集第一个份样时，不可在第一个间隔的起点开始，而是在第一个间隔内随机确定。在生产现场采样，可按下式计算采样间隔：

$$采样间隔 \leqslant \frac{批量(t)}{规定份样数} \tag{4-5}$$

在运送带上或落口处采样，须截取废物流的全截面。所采份样的粒度比例应符合采样间隔或采样部位的粒度比例，所得大样的粒度比例应与整批废物流的粒度分布大致相符。

（3）分层采样法

根据对一批废物已有的认识，将其按照有关的标志分为若干层，然后在每层中随机采集份样。一批废物分次排出或某生产工艺过程的废物间歇排出时，可分 n 层采样，根据每层的质量，按比例采集份样。同时应注意粒度比例，使每层所采份样的粒度比例与该层废物粒度分布大致相符。第 i 层所采份样数 n_i 按下式计算：

$$n_i = \frac{n \cdot m_i}{Q} \tag{4-6}$$

式中，n_i——第 i 层所采份样数；

n——按公式计算；

m_i——第 i 层废物的质量，吨；

Q——批量，吨。

（4）两阶段采样法

简单随机采样、系统采样、分层采样都是一次就直接从一批废物中采集份样，称为单阶段采样。当一批废物由许多桶、箱、袋等盛装时，由于各容器所处位置比较分散，所以要分阶段采样。首先从一批废物总容器件数 N_0 中随机抽取 N_1 件容器，然后再从 N_1 件的每件容器中采 n 个份样。

推荐当 $N_0 \leqslant 6$ 时，取 $N_1 = N_0$ 时，当 $N_0 > 6$ 时，N_1 按下式计算（小数进为整数）：

$$N_1 \geqslant 3 \times \sqrt[3]{N_0} \tag{4-7}$$

（二）样品的制备

1. 制样工具

制样工具包括粉碎机（破碎机）、药碾、钢锤、标准套筛、十字分样板、机械缩分器。

2. 制样要求

（1）在制样全过程中，应防止样品产生任何化学变化和污染。若制样过程可能对样品的性质产生显著影响，则应尽量保持样品原来的状态。

（2）湿样品应在室温下自然干燥，使其达到适于破碎、筛分、缩分的程度。

（3）制备的样品应过筛后（筛孔为 5 毫米），装瓶备用。

3. 制样程序

（1）粉碎

用机械或人工方法把全部样品逐级破碎，通过 5 毫米孔径筛。粉碎过程中，不可随意丢弃难以破碎的粗粒。

（2）缩分

将样品于清洁、平整、不吸水的板面上用小铲堆成圆锥形，每铲物料自圆锥顶端落下，使其均匀地沿锥尖散落，不可使圆锥中心错位。反复转堆，至少三周，使其充分混合。然后将圆锥顶端轻轻压平，摊开物料后，用十字板自上压下，分成四等份，取两个对角的等份，重复操作数次，直至取到约 1 千克样品为止。在进行各项危险特性鉴别试验前，可根据要求的样品量进一步进行缩分。

（三）样品水分的测定

（1）测定样品中的无机物：称取样品约 20 克于 105℃ 下干燥，恒重至 ±0.1 克，测定水分含量。

（2）测定样品中的有机物：样品于 60℃ 下干燥 24 小时，测定水分含量。

（3）测定固体废物：结果以干样品计算，当污染物质量分数小于 0.1% 时，以毫克/

千克为单位表示，质量分数大于 0.1% 时则以百分数表示，并说明是水溶性或总量。

（四）样品 pH 值的测定

由于固体废物的不均匀性，测定时应将各点样品分别测定，测定结果以实际测定的 pH 值范围表示，而不是通过计算混合样品的平均 pH 值表示。由于样品中的二氧化碳含量会影响 pH 值，并且二氧化碳达到平衡的过程极为迅速，所以采样后必须立即测定。

（五）样品的保存

制备好的样品密封于容器中保存（容器应对样品不产生吸附，不使样品变质），贴上标签备用。标签上应注明编号、废物名称、采样地点、批量、采样人、制样人、时间。对于特殊样品，可采取冷冻或充入惰性气体等方法保存。制备好的样品，一般有效保存期为一个月，易变质的样品应该酌情及时测定。最后，填好采样记录表，一式三份，分别存于有关部门。

第二节　固体废物的监测

一、危险特性的监测方法

（一）急性毒性的初筛试验

危险废物中会有多种有害成分，组分分析难度较大。急性毒性的初筛试验可以简便地鉴别并表达其综合急性毒性，方法如下：

作为毒性试验的动物应该是规定的品种。以质量 18～24 克的小白鼠（或 200～300 克的大白鼠）作为实验动物，若是外购鼠，必须在本单位饲养条件下饲养 7～10 天，仍活泼健康者方可使用。试验前 8～12 小时和观察期间禁食。

称取制备好的样品 100 克，置于 500 毫升具磨口玻璃塞的锥形瓶中，加入 100 毫升水（pH 为 5.8～6.3）（固液质量比为 1∶1），振摇 3 分钟，于室温下静止浸泡 24 小时，用中速定量滤纸过滤，滤液留待灌胃用。

灌胃采用 1 毫升（或 5 毫升）注射器，注射针采用 9 号（或 12 号），去针尖，磨光，弯曲成新月形。对 10 只小白鼠（或大白鼠）进行一次性灌胃，每只灌滤液 0.50 毫升（或 4.80 毫升），对灌胃后的小白鼠（或大白鼠）进行中毒症状观察，记录 48 小时内的死亡数。

（二）易燃性的试验方法

鉴别易燃性是测定闪点。闪点较低的液态固体废物和燃烧剧烈而持续的非液态固体废物，由于摩擦、吸湿、点燃等自发的变化会发热、着火，或可能由于它的燃烧引起对人体或环境的危害。

采用闭口闪点测定仪测定闪点。温度计采用 1 号温度计（-30℃~170℃）或 2 号温度计（100℃~300℃）。防护屏采用镀锌铁皮制成，高度 550~650 毫米，宽度应适于使用，屏身内壁漆成黑色。

测定步骤为：按标准要求加热样品至一定温度，停止搅拌，每升高 1℃点火一次，至样品上方刚出现蓝色火焰时，立即读取温度计上的读数，该值即为测定结果。

（三）腐蚀性的试验方法

腐蚀性指通过接触能损伤生物细胞组织或腐蚀物体而引起危害。测定方法有两种：一种是测定 pH，另一种是测定 55.7℃以下对钢制品的腐蚀率。现介绍 pH 值的测定。

仪器采用 pH 计或酸度计，最小分度值在 0.1 以下。

该方法是用与待测样品 pH 值相近的标准溶液校正 pH 计，并加以温度补偿。对含水量高、呈流体状的稀泥或浆状物料，可将电极直接插入进行 pH 值的测量；对黏稠状物料可离心或过滤后，测其液体的 pH 值；对粉、粒、块状物料，称取制备好的样品 50 克（干基），置于 1 升塑料瓶中，加入新鲜蒸馏水 250 毫升，使固液质量比为 1:5，加盖密封后，放在振荡器上［振荡频率（110±10）次/分钟，振幅 40 毫米］，于室温下，连续振荡 30 分钟，静置 30 分钟后，测上清液的 pH 值，每种废物取两个平行样品测定其 pH 值，差值不得大于 0.15，否则应再取 1~2 个样品重复试验，取中位数报告结果。对于高 pH 值（10 以上）或低 pH 值（2 以下）的样品，两个平行样品的 pH 值测定结果允许误差值不超过 0.2，还应报告环境温度、样品来源、粒度级配、试验过程中出现的异常现象、特殊情况下试验条件的改变及原因等。

（四）反应性的试验方法

测定方法包括：①撞击感度测定；②摩擦感度测定；③差热分析测定；④爆炸点测定；⑤火焰感度测定。具体测定方法见相关标准。

（五）遇水反应性的试验方法

遇水反应性包括：①固体废物与水发生剧烈反应而放出热量，使体系温度升高，可用温升试验测定；②与水反应释放出有害气体，如乙炔、硫化氢、砷化氢、氰化氢等。现介绍释放有害气体的反应装置和试验步骤。

1. 反应装置

用 250 毫升高压聚乙烯塑料瓶，另配橡胶塞（将橡胶塞打一个 6 毫米的孔），插入玻璃管。试验过程中使用振荡器（采用调速往返式水平振荡器），100 毫升注射器，并配有 6 号针头。

2. 试验步骤

称取固体废物 50 克（干物质），置于 250 毫升的反应容器（塑料瓶）内，加入 25 毫升水，加盖密封后，固定在振荡器上，振荡频率为（110±10）次/分钟，振荡 30 分钟，静置 10 分钟。用注射器抽气 50 毫升，注入不同的 5 毫升吸收液中，测定其氧化氢、硫化氢、砷化氢、乙炔的含量。第几次抽 50 毫升气体的校正值：

$$校正值(毫克／升) = 测得值 \times \left(\frac{275}{225}\right)^{n} \qquad (4-8)$$

式中，225——塑料瓶空间体积，毫升；

275——塑料瓶空间体积和注射器体积之和，毫升。

（六）浸出毒性试验

固体废物受到水的冲淋、浸泡，其中的有害成分将会转移到水相而污染地表水、地下水，导致二次污染。

浸出毒性试验采用规定方法浸出水溶液，然后对浸出液进行分析。我国规定的分析项目有汞、镉、砷、铬、铅、铜、锌、镍、锑、铍、氟化物、氧化物、硫化物、硝基苯类化合物。

浸出方法如下：

称取 100 克（干基）样品（无法称取干基质量的样品则先测定水分含量加以换算），置于容积为 2 升（φ130 毫米×160 毫米）的具盖广口聚乙烯瓶中，加水 1 升（先用氢氧化钠溶液或盐酸溶液调 pH 值至 5.8~6.3）。

将广口聚乙烯瓶垂直固定在往返式水平振荡器上，调节振荡频率为（110±10）次/分钟，振幅 40 毫米，在室温下振荡 8 小时，静置 16 小时。

浸出液通过 0.45 微米滤膜过滤。滤液按各分析项目要求进行保护，于合适条件下储存备用。每种样品做两个平行浸出毒性试验，每瓶滤液对欲测项目平行测定两次，取算术平均值报告结果；对于含水污泥样品，其滤液也必须同时加以分析并报告结果；试验报告中还应包括被测样品的名称、来源、采集时间、样品粒度级配情况，试验过程中出现的异常情况，浸出液的 pH 值、颜色、乳化和相分层情况，试验过程的环境温度及其波动范围、条件改变及其原因。

考虑到样品与浸出容器的相溶性，在某些情况下，可用类似形状与容积的玻璃瓶代替聚乙烯瓶。例如，测定有机成分宜用硬质玻璃容器。对于某些特殊类型的固体废物，由于安全及样品采集等方面的原因，无法严格按照上述条件进行试验时，可根据实际情况适当改变。浸出液分析项目按有关标准的规定及相应的分析方法进行。

二、生活垃圾监测

（一）生活垃圾及其分类

1. 生活垃圾的概念

生活垃圾是指城镇居民在日常生活中抛弃的固体垃圾，主要包括（日常）生活垃圾、医院垃圾、市场垃圾、建筑垃圾和街道扫集物等，其中医院垃圾（特别是带有病原体的垃圾）和建筑垃圾应予单独处理，其他的垃圾通常由环卫部门集中处理，一般统称为生活垃圾。

2. 生活垃圾的分类

生活垃圾是一种由多种物质组成的异质混合体，包括：

（1）废品类，包括废金属、废玻璃、废塑料、废橡胶、废纤维类、废纸类和废砖瓦类等。

（2）厨房类（亦称厨房垃圾），包括饮食废物、蔬菜废物、肉类和肉骨，以及我国部分城市厨房所产生的燃料用煤、煤制品、木炭的燃余物等。

（3）灰土类，包括修建、清理时的土、煤、灰渣。

世界各国的城市规模、人口、经济水平、消费方式、自然条件等差异很大，导致生活垃圾的产量和质量存在明显差别，并且不断地变化。生活垃圾是一种极不均匀、种类各异的异质混合物，若居民能自觉地将其分类堆放，则会更有利于生活垃圾作为资源回收。

3. 处置方法

生活垃圾的处置方法大致有焚烧（包括热解、气化）、（卫生）填埋和堆肥。不同的方法监测的重点和项目也不一样。例如，焚烧，垃圾的热值是决定性参数；而堆肥，须测定生物降解度、堆肥的腐熟程度；至于填埋，则渗滤液分析和堆场周围的蝇类滋生密度等成为主要项目。

（二）生活垃圾特性分析

1. 垃圾采集和样品处理

从不同的垃圾产生地、储存场或堆放场采集有整体代表性的样品，是垃圾特性分析的第一步，也是保证数据准确的重要前提。为此，应充分研究垃圾产生地的基本情况，如居民情况、生活水平、垃圾堆放时间，还要考虑在收集、运输、储存过程等可能的变化，然后制订周密的采样计划。采样过程必须详细记录地点、时间、种类、表观特性等。在记录卡传递过程中，必须有专人签署，以便于核查。

2. 垃圾的粒度分级

粒度分级采用筛分法，按筛目排列，依次连续摇动 15 分钟，依次转到下一号筛子，然后计算各粒度颗粒物所占的比例。如果需要在样品干燥后再称量，则须在 70℃ 下烘干24 小时，然后再在干燥器中冷却后筛分。

3. 淀粉的测定

垃圾在堆肥过程中，须借助淀粉量分析来鉴定堆肥的腐熟程度。这一分析的基础是在堆肥过程中形成了淀粉碘化络合物。这种络合物颜色的变化取决于堆肥的降解度（即堆肥的腐熟程度），当堆肥降解尚未结束时呈蓝色，降解结束时即呈黄色。

堆肥颜色的变化过程是深蓝—浅蓝—灰—绿—黄。这种样品分析实验的步骤是：

（1）将 1 克堆肥置于 100 毫升烧杯中，滴入几滴酒精使其湿润，再加 20 毫升质量分数为 36% 的高氯酸。

（2）用纹网滤纸（90 号）过滤。

（3）加入 20 毫升碘反应剂到滤液中并搅动。

（4）将几滴滤液滴到白色板上，观察其颜色变化。

碘反应剂是将 2 克碘化钾溶解到 500 毫升水中，再加入 0.08 克碘制成。

4. 生物降解度的测定

垃圾中含有大量天然的和人工合成的有机物质，有的容易被生物降解，有的难以被生物降解。通过实验已经寻找出一种可以在室温下对垃圾生物降解做出适当估计的 COD 实验方法，即：

（1）称取 0.5 克已烘干磨碎的样品于 500 毫升锥形瓶中。

（2）准确量取 20 毫升 c（1/6 重铬酸钾）= 2 摩尔/升的重铬酸钾溶液加入锥形瓶中并充分混合。

（3）用另一个量筒量取 20 毫升硫酸加到锥形瓶中。

（4）在室温下放置 12 小时且不断摇动。

（5）加入约 15 毫升蒸馏水。

（6）依次加入 10 毫升磷酸、0.2 克氟化钠和 30 滴指示剂，每加入一种试剂后必须混匀。

（7）用硫酸亚铁铵标准溶液滴定，在滴定过程中颜色的变化是棕绿—绿蓝—蓝—绿，在化学计量点时出现的是纯绿色。

（8）用同样的方法在不加样品的情况下做空白试验。

（9）如果加入指示剂时已出现绿色，则实验必须重做，必须再加 30 毫升重铬酸钾溶液。

（10）生物降解度的计算：

$$\mathrm{BDM} = \frac{1.28(V_2 - V_1) \cdot V \cdot c}{V_2} \qquad (4\text{-}9)$$

式中，BDM ——生物降解度；

　　　　V_1——滴定样品消耗硫酸亚铁铵标准溶液的体积，毫升；

　　　　V_2——空白试验滴定消耗硫酸亚铁铵标准溶液的体积，毫升；

　　　　V ——加入重铬酸钾溶液的体积，毫升；

　　　　c ——重铬酸钾溶液的浓度，摩尔/升；

　　　　1.28——折合系数。

5. 热值的测定

焚烧是有机工业固体废物、生活垃圾、部分医院垃圾处置的重要方法，从卫生角度要求医院中病理性垃圾、传染性垃圾必须焚烧，一些发达国家由于生活垃圾分类较好，部分垃圾焚烧可以发电。

热值是垃圾焚烧处置的重要指标，分高热值（H_0）和低热值（H_n），垃圾中可燃物燃烧时产生的反应水一般以水蒸气形式挥发，因此，相当一部分能量不能被利用。所以当垃圾的高热值 H_0 测出后，应扣除水蒸发和燃烧时加热物质所需要的热量，由高热值换算成低热值。显然，低热值在实际工作中意义更大，两者换算公式为：

$$H_n = H_0 \left[\frac{100 - (w_1 + W)}{100 - W_L} \right] \times 5.85W \qquad (4\text{-}10)$$

式中，H_n ——低热值，千焦/千克；

　　　　H_0——高热值，千焦/千克；

　　　　w_1——惰性物质含量（质量分数），%；

　　　　W ——垃圾的表面湿度，%；

　　　　W_L ——垃圾焚烧后剩余的和吸湿后的湿度，%。

通常 W_L 对结果的准确性影响不大，因而可以忽略不计。

热值的测定可以用热量计法或热耗法。常用的氧弹式热量计是通常的物理仪器，测定方法可参考仪器说明书或物理、物理化学书籍。测定垃圾热值的主要困难是要了解垃圾的比热容，因为垃圾组分变化范围大，各种组分比热容差异很大，所以测定某一垃圾的比热容是一个复杂过程，而对组分较为简单的垃圾（如含油污泥等）就比较容易测定。

（三）渗滤液分析

渗滤液主要来源于生活垃圾填埋场，在填埋初期，由于地下水和地表水的流入、雨水的渗入及垃圾本身的分解会产生大量的污水，该污水称为垃圾渗滤液。由于渗滤液中的水主要来源于垃圾自身和降水，因此渗滤液的产生量与垃圾的堆放时间有关，在生活垃圾的三大主要处置方法中，渗滤液是填埋处置中最主要的污染源。合理的堆肥处置一般不会产生渗滤液，热解和气化也不会产生，只有露天堆肥、裸露堆场以及垃圾中转站可能产生。

1. 渗滤液的特性

渗滤液的特性取决于它的组成和浓度。由于不同国家、不同地区、不同季节的生活垃圾组分变化很大，并且随着填埋时间的不同，渗滤液组分和浓度也会变化。因此，它的特点是：

（1）成分的不稳定性：主要取决于垃圾组成。

（2）浓度的可变性：主要取决于填埋时间。

（3）组成的特殊性：垃圾中存在的物质在渗滤液中不一定存在；一般废水中含有的污染物在渗滤液中不一定有，如油类、氰化物、铬和汞等。这些特点影响着监测项目。

（4）渗滤液是不同于生活污水的特殊污水。例如，在一般生活污水中，有机物主要是蛋白质（质量分数为 40%~60%）、糖类（质量分数为 25%~50%），以及脂肪、油类（质量分数为 10%），但在渗滤液中几乎不含油类，因为生活垃圾具有吸收和保持油类的能力；氰化物是地表水监测中的必测项目，但在填埋处理的生活垃圾中，各种氰化物转化为氢氰酸，并生成复杂的割化物，以致在渗滤液中很少测到氧化物的存在；金属铬在填埋场内因有机物的存在被还原为三价铬，从而在中性条件下被沉淀为不溶性的氢氧化物，所以在渗滤液中不易测到金属铬；汞则在填埋场的厌氧条件下生成不溶性的硫化物而被截留。因此，渗滤液中几乎不含上述物质。

2. 渗滤液的分析项目

渗滤液分析项目在各种资料上大体相近，我国《生活垃圾填埋场污染控制标准》中对于水污染物的监测项目包括色度、化学需氧量、生化需氧量、悬浮物、总氮、氨氮、总磷、粪大肠菌群数、总汞、总镉、总铬、六价铬、总砷、总铅。参照水质监测方法进行测定。

（四）渗滤试验

工业固体废物和生活垃圾在堆放过程中由于雨水的冲淋和自身的原因，可能通过渗滤而污染周围土地和地下水，因此对渗滤液的测定是很重要的。

1. 固体废物堆场渗滤液采样点的选择

正规设计的固体废物堆场（简称废物堆场）通常设有渗滤液渠道和集水井，采集比较方便。典型安全填埋场，也设有渗滤液采样点；一般废物堆场，渗滤液采样困难，只能根据实际情况予以采样。

2. 渗滤试验

渗滤液可取自废物堆场，但在研究工作中，特别具研究废物堆场可能对地下水和周围环境产生的影响时，可采用渗滤试验的方法。

（1）工业固体废物渗滤模型：固体废物先经粉碎后通过 0.5 毫米孔径筛，然后装入玻璃管柱内，在上面玻璃瓶中加入雨水或蒸馏水，以 12 毫升/分钟的流速通过玻璃管柱下端的玻璃棉流入锥形瓶内，然后测定渗滤液中的有害物质含量。

（2）生活垃圾渗滤柱：用于研究生活垃圾渗滤液的产生过程和组成变化。渗滤柱的壳体由钢板制成，总容积为 0.339 立方米，柱底铺有碎石层，体积为 0.014 立方米，柱上部再铺碎石层和黏土层，体积为 0.056 立方米，柱内装垃圾的有效容积为 0.269 立方米。黏土和碎石应采自所研究场地，碎石直径一般为 1~3 毫米。

试验时，添水量应根据当地降水量确定。例如，我国某县年平均降水量为 1074.4 毫米，日平均降水量为 2.9436 毫米，由于柱的直径为 600 毫米，柱的底面积乘以日平均降水量即为日添水量，因此渗滤柱日添水量为 832 毫升，可以一周添水一次，即添水 5824 毫升。

三、有害物质的毒理学研究方法

环境质量的恶化，不管起因是物质因素还是能量因素，测定这些因素的量或其他理化数据是环境监测的重要内容。但是，单凭理化数据，是难以对环境质量做出准确评价的。因为环境是一个复杂的体系，污染物种类繁多且含量多变，各种污染因素之间存在拮抗和相加、协同作用，环境综合质量很难以各污染物个别影响来评价。利用生物在该环境中的反应，确定环境的综合质量，无疑是理想的和重要的手段。这里仅介绍环境毒理学的研究方法，它通过用实验动物对污染物进行毒性试验，确定污染物的毒性和剂量的关系，找出毒性作用的阈剂量（或阈浓度），不仅可以为制定该物质在环境中的最高允许浓度提供资料，而且可以为判断环境质量和防治污染提供科学依据。例如，有些有机合成化工厂，其排放废水成分复杂，有微量的原料、溶剂、中间体和产品等，它们性质也不稳定。因此，要分别测定这些物质和确定主要有害因素往往很困难，甚至不能做到。但如果用鱼类做毒性试验，并指定一个反映这些污染物的综合指标（如化学需氧量），那么确定该废水的毒性和剂量是比较容易实现的。

（一）实验动物的选择及毒性试验分类

1. 实验动物的选择

实验动物的选择应根据不同的要求来决定，同时还要考虑动物的来源、经济价值和饲养管理等方面的因素。国内外常用的动物有小鼠、大鼠、兔、豚鼠、猫、狗等，鱼类有鲢鱼、草鱼和金鱼等。金鱼对某些毒物较敏感，特别是室内饲养方便，鱼苗易得，为国内外所普遍采用。需要指出的是，实验动物必须标准化，因为不同品种、年龄、性别、生长条件的动物对毒物的敏感程度是不同的。

不同的动物对毒物的反应并不一致。例如，苯在家兔身上所产生的血象变化和人很相似（白细胞减少及造血器官发育不全），而在狗身上出现完全不同的反应（白细胞增多及脾淋巴结节增殖）。又如，苯胺及其衍生物的毒性作用可导致变性血红蛋白出现，它在豚鼠、猫和狗身上可引起与人类似的变化，但在家兔身上不容易引起变性血红蛋白的出现，而对小白鼠则完全不产生变性血红蛋白。要判断某种物质在环境中的最高允许浓度，除了其毒性外，还要考虑感官性状、稳定性及自净过程（地表水）等因素。另外，根据对实验动物的毒性试验所得到的毒物的毒性大小、安全浓度和半数致死浓度等数据，也不能直接推断到人体，还要进行流行病学调查研究才能反映人体受影响情况。当然，实验动物的毒性试验无疑是极为重要的。

2. 毒性试验分类

毒性试验可分为急性毒性试验、亚急性毒性试验、慢性毒性试验和终生毒性试验等

（1）急性毒性试验

一次（或几次）投给实验动物较大剂量的毒物，观察其在短期内（一般为24小时到两周以内）的中毒反应。急性毒性试验由于变化因子少、时间短、经济及操作容易，所以被广泛采用。

（2）亚急性毒性试验

一般用半数致死量的1/20~1/5，每天投毒，连续半个月到三个月左右，主要了解该毒物毒性是否有积累作用和耐受性。

（3）慢性毒性试验

用较低剂量进行三个月到一年的投毒，观察病理、生理、生化反应，寻找中毒诊断指标，并为制定最大允许浓度提供科学依据。

3. 污染物的毒性作用剂量

污染物的毒性和剂量关系可用下列指标区分：半数致死量（浓度），简称 LD_{50}（LC_{50}）；最小致死量（浓度），简称 MLD（MLC）；绝对致死量（浓度），简称 LD_{100}（LC_{100}）；最大耐受量（浓度），简称 MTD（MTC）。

半数致死量（浓度）是评价毒物毒性的主要指标之一。由于其他毒性指标波动较大，所以评价相对毒性常以半数致死量（浓度）为依据。在鱼类、水生植物、植物毒性试验中也可采用半数存活浓度。

半数致死量的计算方法很多，这里介绍一种简便方法——曲线法，它是根据一般毒物的死亡曲线多为"S"形而提出来的。取若干组（每组至少 10 只）实验动物进行试验，在试验条件下，有一组全部存活，一组全部死亡，其他各组有不同的死亡率，以横坐标表示投毒剂量，纵坐标表示死亡率。根据试验结果在图上做点，连成曲线，在纵坐标死亡率50%处引出一水平线交于曲线，于交点做水平线的垂线交于横坐标，其所对应的剂量（浓度）即为半数致死量（浓度）。

（二）吸入染毒试验

对于气体或挥发性液体，通常是经呼吸道侵入机体而引起中毒。因此，在研究车间和环境空气中有害物质的毒性及最高允许浓度时，需要用吸入染毒试验。

1. 吸入染毒法的种类

吸入染毒法主要有动态染毒法和静态染毒法两种。此外，还有单个口罩吸入法、喷雾染毒法和现场模拟染毒法等。

（1）动态染毒法

将实验动物放在染毒柜内，连续不断地将由受检毒物和新鲜空气配制成一定浓度的混合气体通入染毒柜，并排出等量的污染空气，形成一个稳定的、动态平衡的染毒环境。此法常用于慢性毒性试验。

（2）静态染毒法

在一个密闭容器（或称染毒柜）内，加入一定量受检毒物（气体或挥发性液体），使其均匀分布在染毒柜，经呼吸道侵入实验动物体内。由于静态染毒法是在密闭容器内进行，实验动物呼吸过程消耗氧，并排出二氧化碳，使染毒柜内氧的含量随染毒时间的延长而降低，故而只适宜做急性毒性试验。在吸入染毒期间，要求氧的含量不低于19%（体积分数），二氧化碳含量不超过 1.7%（体积分数）。所以，10 只小鼠的染毒柜的容积需要 60 升。染毒柜一般分为柜体、发毒装置和气体混匀装置三部分。柜体要有出入口、毒物加入孔、气体采样孔和气体混匀装置的孔口。发毒装置随毒物的物理性质而异，最常用的方法是将挥发性的受检毒物滴在纱布条、滤纸上或放在表面皿内，再用电吹风吹，使其挥发并均匀分布。对于气态毒物，可在染毒柜两端接两个橡皮囊，一个是空的，另一个加入毒气。按计算浓度将毒气橡皮囊中的毒气压入染毒柜，另一个橡皮囊即鼓起，再压回原橡皮囊，如此反复多次，即可混匀。也可直接将毒气按计算浓度压入，借电风扇混匀。

2. 吸入染毒法的注意事项

实验动物应挑选健康、成年并同龄的动物，雌雄各半。以小白鼠为例，应选用年龄为两个月、质量为 20 克左右的小白鼠，太大、太小均不适宜。每组 10 只，取若干组用不同浓度进行试验，要求一组在试验条件下全部存活，一组全部死亡，其他各组有不同的死亡率，然后求出半数致死浓度（LC_{50}），对未死动物取出后继续观察 7~14 天，了解其恢复或发展状况，对死亡动物（必要时对未死动物）做病理形态学检验。

（三）口服毒性试验

对于非气态毒物，可采用经消化管染毒的口服毒性试验进行测定。

1. 口服染毒法的种类

口服染毒法可分为饲喂法和灌胃法两种。

（1）饲喂法

将毒物混入动物饲料或饮用水中，为保证动物吃完，一般在早上将毒物混在少量动物喜欢吃的饲料中，待吃完后再继续喂饲料和水。饲喂法符合自然生理条件，但剂量较难控制精确。

（2）灌胃法

此法是将毒物配制成一定浓度的液体或糊状物（对于水溶性物质可用水配制，粉状物用淀粉糊调匀）。所用注射器的针头是用较粗的 8 号或 9 号针头，将针夹磨成光滑的椭圆形，并使之微弯曲。灌胃时，用左手捉住小白鼠，尽量使之成垂直体位。右手持已吸取毒物的注射器及针头导管，使针头导管弯曲面向腹侧，从口腔正中沿咽喉壁慢慢插入，切勿偏斜。如遇阻力应稍向后退再缓缓前进。一般插入 2.5~4.0 厘米即可到达胃内。

2. 注意事项

灌胃法中将注射器向外抽气时，如无气体抽出说明已在胃中，即可将试验液推入小白鼠胃内，然后将针头拔出。如注射器抽出大量气泡，说明已进入肺或气管，应拔出重插。如果注入后小白鼠迅速死亡，很可能是穿入胸腔或肺内。小白鼠一次灌胃注入量为其质量的 2%~3%，最好不超过 0.5 毫升（以 1 克/毫升计）。

第三节 土壤污染与土壤样品的采集处理

土壤是指陆地地表具有肥力并能生长植物的疏松表层，介于大气圈、岩石圈、水圈和生物圈之间，厚度一般在 2 米左右。土壤是人类环境的重要组成部分，其质量优劣直接影响人类的生产、生活和社会发展。

一、土壤基本知识

（一）土壤组成

土壤是地球表层的岩石经过生物圈、大气圈和水圈长期的综合影响演变而成的。由于各种成土因素，诸如母岩、生物、气候、地形、时间和人类生产活动等综合作用的不同，形成了多种类型的土壤。

土壤是由固、液、气三相物质构成的复杂体系。土壤固相包括矿物质、有机质和生物。在固相物质之间为形状和大小不同的孔隙，孔隙中存在水分和空气。

1. 土壤矿物质

土壤矿物质是岩石经物理风化和化学风化作用形成的，占土壤固相部分总质量的 90% 以上，是土壤的骨骼和植物营养元素的重要供给源，按其成因可分为原生矿物质和次生矿物质两类。

（1）原生矿物质

原生矿物质是岩石经过物理风化作用而形成的碎屑，其原来的化学组成没有改变，这类矿物质主要有硅酸盐类矿物、氧化物类矿物、硫化物类矿物和磷酸盐类矿物。

（2）次生矿物质

次生矿物质是原生矿物质经过化学风化后形成的新的矿物质，其化学组成和晶体结构均有所改变，这类矿物质包括简单盐类（如碳酸盐、硫酸盐、氯化物等）、三氧化物类和次生铝硅酸盐类。次生铝硅酸盐类是构成土壤黏粒的主要成分，故又称为黏土矿物，如高岭石、蒙脱石和伊利石等；三氧化物类如针铁矿、褐铁矿、三水铝石等，它们是硅酸盐类矿物彻底风化的产物。

土壤矿物质所含主体元素是氧、硅、铝、铁、钙、钠、钾、镁等，其质量分数约占 96%，其他元素含量多在 0.1%（质量分数）以下，甚至低至十亿分之几，属微量、痕量元素。

土壤矿物质颗粒（土粒）的形状和大小多种多样，其粒径从几微米到几厘米，差别很大。不同粒径的土粒的成分和物理化学性质有很大差异，如对污染物的吸附、解吸和迁移、转化能力，以及有效含水量和保水保温能力等。为了研究方便，常按粒径大小将土粒分为若干类，称为粒级；同级土粒的成分和性质基本一致。

自然界中任何一种土壤，都是由粒径不同的土粒按不同的比例组合而成的，按照土壤中各粒级土粒含量的相对比例或质量分数分类，称为土壤质地分类。

2. 土壤有机质

土壤有机质是土壤中有机化合物的总称，由进入土壤的植物、动物、微生物残体及施入土壤的有机肥料经分解转化逐渐形成，通常可分为非腐殖质和腐殖质两类。非腐殖质包括糖类化合物（如淀粉、纤维素等）、含氮有机化合物及有机磷、有机硫化合物，一般占土壤有机质总量的 10%~15%（质量分数）。腐殖质是植物残体中稳定性较强的木质素及其类似物，在微生物作用下，部分被氧化形成的一类特殊的高分子聚合物，具有苯环结构，苯环周围连有多种官能团，如羧基、羟基、甲氧基及氨基等，使之具有表面吸附、离子交换、络合、缓冲、氧化还原作用及生理活性等性能土壤有机质一般占土壤固相物质总质量的 5%左右，对于土壤的物理、化学和生物学性状有较大的影响。

3. 土壤生物

土壤中生活着微生物（细菌、真菌、放线菌、藻类等）及动物（原生动物、蚯蚓、线虫类等），它们是土壤有机质的重要来源，还对进入土壤的有机污染物的降解及无机污染物（如重金属）的形态转化起着主导作用，是土壤净化功能的主要贡献者。

4. 土壤溶液

土壤溶液是土壤水分及其所含溶质的总称，存在于土壤孔隙中，它们既是植物和土壤生物的营养来源，又是土壤中各种物理、化学反应和微生物作用的介质，是影响土壤性质及污染物迁移、转化的重要因素。

土壤溶液中的水来源于大气降水、地表径流和农田灌溉，若地下水位接近地面，则也是土壤溶液中水的来源之一。土壤溶液中的溶质包括可溶性无机盐、可溶性有机物、无机胶体及可溶性气体等。

5. 土壤空气

土壤空气存在于未被水分占据的土壤孔隙中，来源于大气、生物化学反应和化学反应产生的气体（如甲烷、硫化氢、氢气、氮氧化物、二氧化碳等）。土壤空气组成与土壤本身特性相关，也与季节、土壤水分、土壤深度等条件相关，如在排水良好的土壤中，土壤空气主要来源于大气，其组分与大气基本相同，以氮、氧和二氧化碳为主；而在排水不良的土壤中氧含量下降，二氧化碳含量增加，土壤空气含氧量比大气少，而二氧化碳含量高于大气。

（二）土壤的基本性质

1. 吸附性

土壤的吸附性能与土壤中存在的胶体物质密切相关。土壤胶体包括无机胶体（如黏土矿物和铁、铝、硅等水合氧化物）、有机胶体（主要是腐殖质及少量的生物活动产生的有机物）、有机无机复合胶体。由于土壤胶体具有巨大的比表面积，胶粒带有电荷，分散在水中时界面上产生双电层等性能，使其对有机污染物（如有机磷、有机氯农药等）和无机污染物有极强的吸附能力或离子交换吸附能力。

2. 酸碱性

土壤的酸碱性是土壤的重要理化性质之一，是土壤在形成过程中受生物、气候、地质、水文等因素综合作用的结果。土壤的酸碱度可以划分为九级：pH 值<4.5 为极强酸性土，pH 值4.5~5.5 为强酸性土，pH 值5.6~6.0 为酸性土，pH 值6.1~6.5 为弱酸性土，pH 值6.6~7.0 为中性土，pH 值7.1~7.5 为弱碱性土，pH 值7.6~8.5 为碱性土，pH 值8.6~9.5 为强碱性土，pH 值>9.5 为极强碱性土。我国土壤的 pH 值大多为 4.5~8.5，并呈"东南酸，西北碱"的规律。土壤的酸碱性直接或间接地影响着污染物在土壤中的迁移转化。

根据氢离子的存在形式，土壤酸度分为活性酸度和潜性酸度两类。活性酸度又称有效酸度，是指土壤溶液中游离氢离子浓度反映的酸度，通常用 pH 值表示。潜性酸度是指土壤胶体吸附的可交换氢离子和铝离子经离子交换作用后所产生的酸度，如土壤中施入中性钾肥（KCl）后，溶液中的钾离子与土壤胶体上的氢离子和铝离子发生交换反应，产生盐酸和三氯化铝。土壤潜性酸度常用 100 克烘干土壤中氢离子的物质的量表示。土壤碱度主要来自土壤中钙、镁、钠、钾的重碳酸盐、碳酸盐及土壤胶体上交换性钠离子的水解作用。

3. 氧化还原性

由于土壤中存在着多种氧化性和还原性无机物质及有机物质，使其具有氧化性和还原性。土壤中的游离氧和高价金属离子、硝酸根等是主要的氧化剂，土壤有机质及其在厌氧条件下形成的分解产物和低价金属离子是主要的还原剂。土壤环境的氧化作用或还原作用通过发生氧化反应或还原反应表现出来，故可用氧化还原电位（E_h）来衡量。因为土壤中氧化性和还原性物质的组成十分复杂，计算 E_h 很困难，所以主要用实测的氧化还原电位来衡量。通常当 E_h >300 毫伏时，氧化体系起主导作用，土壤处于氧化状态；当 E_h <300 毫伏时，还原体系起主导作用，土壤处于还原状态。

（三）土壤污染

由于自然原因和人为原因，各类污染物质通过多种渠道进入土壤环境。土壤环境依靠自身的组成和性能，对进入土壤的污染物有一定的缓冲、净化能力，但当进入土壤的污染物质量和速率超过了土壤能承受的容量和土壤的净化速率时，就破坏了土壤环境的自然动态平衡，使污染物的积累逐渐占据优势，引起土壤的组成、结构、性状改变，功能失调，质量下降，导致土壤污染。土壤污染不仅使其肥力下降，还可能成为二次污染源，污染水体、大气、生物，进而通过食物链危害人体健康。

土壤环境污染的自然源来自矿物风化后的自然扩散、火山爆发后降落的火山灰等。人为源是土壤污染的主要污染源，包括不合理地使用农药、化肥，废（污）水灌溉，使用不符合标准的污泥，生活垃圾和工业固体废物等随意堆放或填埋以及大气沉降物等。

土壤中污染物种类多，但以化学污染物最为普遍和严重，也存在生物类污染物和放射性污染物。化学污染物如重金属、硫化物、氟化物、农药等，生物类污染物主要是病原体，放射性污染物主要是 ^{90}Sr、^{137}Cs 等。

近年来，我国各地区、各部门积极采取措施，在土壤污染防治方面进行探索和实践，取得了一定成效，但是由于我国经济发展方式总体粗放，产业结构和布局仍不尽合理，污染物排放总量较大，土壤作为大部分污染物的最终受体，其环境质量受到显著影响，部分地区污染较为严重。

二、土壤环境质量监测方案

制订土壤环境质量监测方案和制订水环境质量监测方案及空气质量监测方案类似，首先要根据监测目的进行调查研究，收集相关资料，在综合分析的基础上，合理布设采样点，确定监测项目和采样方法，选择监测方法，建立质量保证程序和措施，提出监测数据处理要求，并安排实施计划。

（一）监测目的

监测土壤环境质量的目的是判断土壤是否被污染及污染状况，并预测发展变化趋势。土壤监测的四种主要类型包括区域环境背景土壤监测、农田土壤监测、建设项目土壤环境评价监测和土壤污染事故监测。

1. 区域环境背景土壤监测

区域环境背景土壤监测的目的是考察区域内不受或未明显受现代工业污染与破坏的土壤固有的化学组成和元素含量水平，但目前已经很难找到不受人类活动和污染影响的土壤，只能去找影响尽可能少的土壤。确定这些元素的背景值水平和变化，了解元素的丰缺和供应状况，为保护土壤生态环境、合理施用微量元素及防治地方病提供依据。

2. 农田土壤监测

农田土壤监测的目的是考察用于种植各种粮食作物、蔬菜、水果、纤维和糖料作物、油料作物及农区森林、花卉、药材、草料等作物的农用地土壤质量，评价农用地土壤污染是否存在影响食用农产品质量安全、农作物生长的风险。

3. 建设项目土壤环境评价监测

建设项目土壤环境评价监测的目的是考察城乡住宅和公共设施用地、工矿用地、交通水利设施用地、旅游用地和军事设施用地等土壤质量，评价建设用地土壤污染是否存在影响居住、工作人群健康的风险，加强建设用地土壤环境监管，保障人居环境安全。

4. 土壤污染事故监测

由于废气、废水、废物、污泥对土壤造成了污染，或者使土壤结构与性质发生了明显的变化，或者对作物造成了伤害，需要调查分析主要污染物，确定污染的来源、范围和程度，为行政主管部门采取对策提供科学依据。

（二）资料收集

广泛地收集相关资料，包括自然环境和社会环境方面的资料，有利于科学、优化采样点的布设和后续监测工作。具体包括以下内容：

（1）收集包括监测区域交通图、土壤图、地质图、大比例尺地形图等资料；

（2）收集包括监测区域土类、成土母质在内的等土壤信息资料；

（3）收集工程建设或生产过程对土壤造成影响的环境研究资料；

（4）收集造成土壤污染事故的主要污染物的毒性、稳定性，以及如何消除等资料；

（5）收集土壤历史资料和相应的法律（法规）；

（6）收集监测区域工农业生产及排污、污灌、化肥农药施用情况资料；

（7）收集监测区域气候资料（温度、降水量和蒸发量）、水文资料；

（8）收集监测区域遥感与土壤利用及其演变过程方面的资料等。

（三）监测项目与监测频率

土壤监测项目根据监测目的确定，分为常规项目、特定项目和选测项目，监测频率与其对应。常规项目是指《土壤环境质量标准》中所要求控制的污染物；特定项目是根据当地环境污染状况，确认在土壤中积累较多、对环境危害较大、影响范围广、毒性较强的污染物，或者污染事故对土壤环境造成严重不良影响的物质，具体项目由各地自行确定；选测项目包括新纳入的在土壤中积累较少的污染物，由于环境污染导致土壤性状发生改变的土壤性状指标及生态环境指标等，由各地自行选择测定。常规项目可按当地实际适当降低监测频率，但不可低于每 5 年 1 次，选测项目可按当地实际适当提高监测频率。

（四）采样点布设

1. 布设原则

土壤环境是一个开放的缓冲动力学体系，与外环境之间不断地进行物质和能量交换，但又具有物质和能量相对稳定和分布均匀性差的特点。为使布设的采样点具有代表性和典型性，应遵循下列原则：

（1）合理地划分采样单元。在进行土壤监测时，监测面积较大，则需要划分若干个采样单元，同时在不受污染源影响的地方选择对照采样单元。同一采样单元的差别应尽可能缩小。土壤质量监测或土壤污染监测，可按照土壤接纳污染物的途径（如大气污染、农灌污染、综合污染等），参考土壤类型、农作物种类、耕作制度等因素，划分采样单元。背景值调查一般按照土壤类型和成土母质划分采样单元，因为不同类型的土壤和成土母质的元素组成和含量相差较大。

（2）对于土壤污染监测，坚持"哪里有污染就在哪里布点"，并根据技术水平和财力条件，优先布设在那些污染严重、影响农业生产活动的地方。

（3）采样点不能设在田边、沟边、路边、堆肥周边及水土流失严重或表层土被破坏处。

2. 采样点数量

土壤监测布设采样点的数量要根据监测目的、区域范围及其环境状况等因素确定。监测区域大、区域环境状况复杂，布设采样点数就要多；监测区域小、其环境状况差异小，布设采样点数就少。一般要求每个采样单元最少设 3 个采样点。

在"中国土壤环境背景值研究"工作中，采用统计学方法确定采样点数，即在选定的置信水平下，采样点数取决于所测项目的变异程度和要求达到的精度。每个采样单元布设的最少采样点数可按下式估算：

$$n = \left(\frac{CV \cdot t}{d} \right)^2 \tag{4-11}$$

式中，n ——每个采样单元布设的最少采样点数；

CV ——样本的相对标准偏差，即变异系数；

t ——置信因子，当置信水平为 95% 时，t 取 1.96；

d ——允许偏差，当规定抽样精度不低于 80% 时，d 取 0.2。

多个采样单元的总采样点数为每个采样单元分别计算出的采样点数之和。

3. 采样点布设方法

（1）对角线布点法

该方法适用于面积较小、地势平坦的废（污）水灌溉或污染河水灌溉的田块。由田块进水口引一对角线，在对角线上至少分5等份，以等分点为采样点。若土壤差异性大，可增加采样点。

（2）梅花形布点法

该方法适用于面积较小、地势平坦、土壤物质和污染程度较均匀的地块。中心分点设在地块两对角线交点处，一般设5~10个采样点。

（3）棋盘式布点法

这种布点方法适用于中等面积、地势平坦、地形完整开阔但土壤较不均匀的地块，一般设10个或10个以上采样点。此法也适用于受固体废物污染的土壤，因为固体废物分布不均匀，此时应设20个以上采样点。

（4）蛇形布点法

这种布点方法适用于面积较大、地势不很平坦、土壤不够均匀的地块。布设采样点数目较多。

（5）放射状布点法

该方法适用于大气污染型土壤。以大气污染源为中心，向周围画射线，在射线上布设采样点。在主导风向的下风向适当增加采样点之间的距离和采样点数量。

（6）网格布点法

该方法适用于地形平缓的地块。将地块划分成若干均匀网状方格，采样点设在两条直线的交点处或方格的中心。农用化学物质污染型土壤、土壤背景值调查常用这种方法。

（五）样品采集

样品采集一般分为前期采样、正式采样和补充采样三个阶段进行。

前期采样：根据背景资料与现场考察结果，采集一定数量的样品分析测定，用于初步验证污染物空间分布差异性和判断土壤污染程度，为制订监测方案提供依据。前期采样可与现场调查同时进行。

正式采样：按照监测方案，实施现场采样。

补充采样：正式采样测试后，发现布设的样点没有满足总体设计需要，则要进行增设采样点补充采样。

面积较小的土壤污染调查和突然性土壤污染事故调查可直接采样。

（六）样品保存

对于易分解或易挥发等不稳定组分的样品，要采取低温保存的运输方法，并尽快送到实验室分析测试。测试项目需要新鲜样品的土样，采集后用可密封的聚乙烯或玻璃容器在4℃以下避光保存，样品要充满容器。避免用含有待测组分或对测试有干扰的材料制成的容器盛装保存样品，测定有机污染物用的土壤样品要选用玻璃容器保存。

（七）监测方法

监测方法包括土壤样品预处理和分析测定方法两部分。土壤样品预处理在本节第四部分介绍，分析测定方法常用原子吸收光谱法、分光光度法、原子荧光光谱法、气相色谱法、电化学法及化学分析法等。电感耦合等离子体原子发射光谱法（ICP-AES）、X射线荧光光谱法、中子活化法、液相色谱法及气相色谱-质谱法（GC-MS）等近代分析方法在土壤监测中也已应用。选择分析方法的原则也是遵循标准方法、权威部门规定或推荐的方法、自选等效方法的先后顺序。

（八）土壤监测质量控制

土壤监测的质量控制包括实验用分析仪器、量器、试剂、标准物质及监测人员基本素质的质量保证，实验室内部质量控制，实验室间质量控制，监测结果的数据处理要求等。

（九）土壤环境质量评价

土壤监测项目的监测结果是依据《土壤环境质量标准》评价被监测土壤质量的基本数据，其评价方法是：运用评价参数进行单项污染物污染状况评价、区域综合污染状况评价和划定土壤质量等级。

1. 评价参数

用于评价土壤环境质量的参数有土壤单项污染指数、土壤综合污染指数、土壤污染积累指数、土壤污染物超标倍数、土壤污染样本超标率、土壤污染面积超标率、土壤污染物分担率及土壤污染分级标准等。

2. 评价方法

土壤环境质量评价一般以土壤单项污染指数为主，但当区域内土壤质量作为一个整体与区域外土壤质量比较时，或一个区域内土壤质量在不同历史阶段比较时，应用土壤综合污染指数评价。土壤综合污染指数全面反映了各污染物对土壤的不同作用，同时又突出了高浓度污染物对土壤环境质量的影响，适用于评价土壤环境的质量等级。

三、土壤样品的采集、加工与管理

（一）土壤样品的采集

采集土壤样品，包括根据监测目的和监测项目确定样品类型，进行物质、技术和组织准备，现场踏勘及实施采样等工作。

1. 土壤样品的类型、采样深度及采样量

（1）混合样品

如果只是一般地了解土壤污染状况，对种植一般农作物的耕地，只需采集 0~20 厘米耕作层土壤；对种植果林类农作物的耕地，采集 0~60 厘米耕作层土壤。将在一个采样单元内各采样点采集的土样混合均匀制成混合样，组成混合样的采样点数通常为 5~20 个。混合样量往往较大，需要用四分法弃取，最后留下 1~2 千克，装入样品袋。

（2）剖面样品

如果要了解土壤污染深度，则应按土壤剖面层次分层采样。土壤剖面指地面向下的垂直土体的切面。在垂直切面上可观察到与地面大致平行的若干层具有不同颜色、性状的土层。

典型的自然土壤剖面分为 A 层（表层、腐殖质淋溶层）、B 层（亚层、淀积层）、C 层（风化母岩层、母质层）和底岩层。采集土壤剖面样品时，须在特定采样点挖掘一个 1 米×1.5 米左右的长方形土坑，深度在 2 米以内，一般要求达到母质层或地下水潜水层即可。盐碱地地下水位较高，应取样至地下水位层；山地土层薄，可取样至风化母岩层。根据土壤剖面颜色、结构、质地、疏松度、温度、植物根系分布等划分土层，并进行仔细观察，将剖面形态、特征自上而下逐一记录。随后在各层最典型的中部自下而上逐层用小土铲切取一片片土样，每个采样点的取样深度和取样量应一致。将同层土样混合均匀，各取 1 千克土样，分别装入样品袋。土壤剖面采样点不得选在土类和母质交错分布的边缘地带或土壤剖面受破坏的地方；剖面的观察面要向阳。

土壤背景值调查也需要挖掘土坑，在剖面各层次典型中心部位自下而上采样，但不可混淆层次、混合采样。

2. 采样时间和频率

为了解土壤污染状况，可随时采集样品进行测定。如需要同时掌握在土壤上生长的作物受污染的状况，可在季节变化或作物收获期采集。《农田土壤环境质量监测技术规范》规定，一般土壤在农作物收获期采样测定，必测项目一年测定一次，其他项目 3~5 年测定一次。

3. 采样注意事项

（1）采样同时，填写土壤样品标签、采样记录、样品登记表。土壤样品标签一式两份，一份放入样品袋内，一份扎在袋口，并于采样结束时在现场逐项检查。

（2）测定重金属的样品，尽量用竹铲、竹片直接采集样品，或用铁铲、土钻挖掘后，用竹片刮去与金属采样器接触的土壤部分，再用竹铲或竹片采集土样。

（二）土壤样品的加工与管理

现场采集的土壤样品经核对无误后，进行分类装箱，运往实验室加工处理。在运输中严防样品的损失、混淆和沾污，并派专人押运，按时送至实验室。

1. 样品加工处理

样品加工又称样品制备，其处理程序是：风干、磨碎、过筛、混合、分装，制成满足分析要求的土壤样品。加工处理的目的是：除去非土部分，使结果能代表土壤本身的组成；有利于样品较长时间的保存，防止发霉、变质；通过磨碎、混合，使分析时称取的样品具有较高的代表性。加工处理工作应在向阳（勿使阳光直射土样）、通风、整洁、无扬尘、无挥发性化学物质的房间内进行。

（1）样品风干

在风干室将潮湿土样倒在白色搪瓷盘内或塑料膜上，摊成约 2 厘米厚的薄层，用玻璃棒间断地压碎、翻动，使其均匀风干。在风干过程中，拣出碎石、沙砾及植物残体等杂质。

（2）磨碎与过筛

如果进行土壤颗粒分析及物理性质测定等物理分析，取风干样品 100~200 克于有机玻璃板上，用木棒、木根再次压碎，经反复处理使其全部通过 2 毫米（10 目）孔径筛，混匀后储于广口玻璃瓶内。

如果进行化学分析，土壤颗粒的粒度影响测定结果的准确度，即使对于一个混合均匀的土样，由于土粒大小不同，其化学成分及其含量也有差异，应根据分析项目的要求处理成适宜大小的土壤颗粒。一般处理方法是：将风干土样在有机玻璃板或木板上用锤、碾棒压碎，并除去碎石、沙砾及植物残体后，用四分法分取所需土样量，使其全部通过 0.84 毫米（20 目）孔径尼龙筛。过筛后的土样全部置于聚乙烯薄膜上，充分混匀，用四分法分成两份，一份交样品库存放，用于土壤 pH 值、土壤交换量等项目测定；另一份继续用四分法缩分成两份，一份备用，一份磨碎至全部通过 0.25 毫米（60 目）或 0.149 毫米（100 目）孔径尼龙筛充分混合均匀后备用。通过 0.25 毫米（60 目）孔径尼龙筛的土壤样品，用于农药、土壤有机质、土壤总氮量等项目的测定；通过 0.149 毫米（100 目）孔径尼龙筛的土壤样品用于元素分析。样品装入样品瓶或样品袋后，及时填写标签，一式两份，瓶内或袋内一份，外贴一份。

测定挥发性或不稳定组分，如挥发酚、氨氮、硝酸盐氮、氰化物等，需要用新鲜土样。

2. 样品管理

土壤样品管理包括土样加工处理、分装、分发过程中的管理和土样入库保存管理。

土样在加工过程中处于从一个环节到另一个环节的流动状态，为防止土样遗失和信息传递失误，必须建立严格的管理制度和岗位责任制，按照规定的方法和程序工作，按要求认真做好各项记录。

对需要保存的土样，要依据欲分析组分的性质选择保存方法。风干土样存放于干燥、通风、无阳光直射、无污染的样品库内，保存期通常为半年至一年。如分析测定工作全部结束，检查无误后，无须保留时可弃去土样。在保存期内，应定期检查土样保存情况，防止霉变、鼠害和土壤样品标签脱落等，用于测定挥发性和不稳定组分用新鲜土样，将其放在玻璃瓶中，置于低于4℃的冰箱内，保存半个月。

四、土壤样品的预处理

土壤样品组分复杂，污染组分含量低，并且处于固体状态。在测定之前，往往需要处理成液体状态和将欲测组分转变为符合测定方法要求的形态、浓度，并消除共存组分的干扰。土壤样品的预处理方法主要有分解法和提取法，前者用于元素的测定，后者用于有机污染物和不稳定组分的测定。

(一) 土壤样品分解方法

土壤样品分解方法有酸分解法、碱熔分解法、高压釜密闭分解法、微波炉加热分解法等。分解法的作用是破坏土壤的矿物质晶格和有机质，使待测元素进入样品溶液中。

1. 酸分解法

酸分解法也称消解法，是测定土壤中重金属常用的方法。分解土壤样品常用的混合酸消解体系有盐酸-硝酸-氢氟酸-高氯酸、硝酸-氢氟酸-高氯酸、硝酸-硫酸-高氯酸、硝酸-硫酸-磷酸等。为了加速土壤中欲测组分的溶解，还可以加入其他氧化剂或还原剂，如高锰酸钾、五氧化二钒、亚硝酸钠等。

用盐酸-硝酸-氢氟酸-高氯酸分解土壤样品的操作要点是：取适量风干土样于聚四氟乙烯坩埚中，用水润湿，加适量浓盐酸，于电热板上低温加热，蒸发至约剩5毫升时加入适量浓硝酸，继续加热至近黏稠状，再加入适量氢氟酸并继续加热；为了达到良好的除硅效果，应不断摇动坩埚；最后，加入少量高氯酸并加热至白烟冒尽。对于含有机质较多的土样，在加入高氯酸之后加盖消解。分解好的样品应呈白色或淡黄色（含铁较高的土壤），倾斜坩埚时呈不流动的黏稠状。用水冲洗坩埚内壁及盖，温热溶解残渣，冷却后定容至要求体积（根据欲测组分含量确定）。这种消解体系能彻底破坏土壤矿物质晶格，但在消解过程中，要控制好温度和时间，如果温度过高，消解样品时间短及将样品溶液蒸干，会导致测定结果偏低。

2. 碱熔分解法

碱熔分解法是将土壤样品与碱混合，在高温下熔融，使样品分解的方法。所用器皿有铝坩埚、瓷坩埚、镍坩埚和铂金坩埚等。常用的熔剂有碳酸钠、氢氧化钠、过氧化钠、偏硼酸锂等，其操作要点是：称取适量土样于坩埚中，加入适量熔剂（用碳酸钠熔融时应先在坩埚底垫上少量碳酸钠或氢氧化钠），充分混匀，移入马弗炉中高温熔融。熔融温度和时间视所用熔剂而定，如用碳酸钠于 900℃～920℃熔融 30 分钟，用过氧化钠于 650℃～700℃熔融 20～30 分钟等。熔融后的土样冷却至 60℃～80℃，移入烧杯中，于电热板上加水和（1+1）盐酸加热浸取和中和、酸化熔融物，待大量盐类溶解后，滤去不溶物，滤液定容，供分析测定。

碱熔分解法具有分解样品完全，操作简便、快速，且不产生大量酸蒸气的特点，但由于使用试剂量大，引入了大量可溶性盐，也易引进污染物质。另外，有些重金属如镉、铬等，在高温下易挥发损失。

3. 高压釜密闭分解法

该方法是将用水润湿、加入混合酸并摇匀的土样放入能严格密封的聚四氟乙烯坩埚内，置于耐压的不锈钢套筒中，放在烘箱内加热（一般不超过 180℃）分解的方法，具有用酸量少、易挥发元素损失少、可同时进行批量样品分解等特点。其缺点是：观察不到分解反应过程，只能在冷却开封后才能判断样品分解是否完全；分解土样量一般不能超过 1.0 克，使测定含量极低的元素时的称样量受到限制；分解含有机质较多的土样时，特别是在使用高氯酸的场合下，有发生爆炸的危险，可先在 80℃～90℃将有机物充分分解。

4. 微波加热分解法

该方法是将土壤样品和混合酸放入聚四氟乙烯容器中，置于微波炉内加热使土样分解的方法。由于微波炉加热不是利用热传导方式使土样从外部受热分解，而是以土样与酸的混合液作为发热体，从内部加热使土样分解，热量几乎不向外部传导损失，所以热效率非常高，并且利用微波能激烈搅拌和充分混匀土样，使其加速分解。如果用微波炉加热分解法分解一般土壤样品，经几分钟便可达到良好的分解效果。

（二）土壤样品提取方法

测定土壤中的有机污染物、受热后不稳定的组分以及进行组分形态分析时，需要采用提取方法。

1. 有机污染物的提取

测定土壤中的有机污染物，一般用新鲜土样。称取适量土样放入锥形瓶中，放在振荡器上，用振荡提取法提取。对于农药、苯并［a］芘等含量低的污染物，为了提高提取效率，常用索氏提取器提取法。常用的提取剂有环己烷、石油醚、丙酮、二氯甲烷、三氯甲烷等。

2. 无机污染物的提取

土壤中易溶无机物组分、有效态组分，可用酸或水提取。例如，用 0.1 摩尔/升盐酸振荡提取镉、铜、锌，用蒸馏水提取造成土壤酸度的组分，用无硼水提取有效态硼等。

（三）净化和浓缩

土壤样品中的欲测组分被提取后，往往还存在干扰组分，或达不到分析方法测定要求的浓度，需要进一步净化或浓缩。常用净化方法有层析法、蒸馏法等，浓缩方法有 K-D 浓缩器法、蒸发法等。

土壤样品中的氰化物、硫化物常用蒸馏-碱溶液吸收法分离。

第四节　土壤污染物的测定

一、土壤水分

土壤水分是土壤生物生长必需的物质，不是污染组分。但无论是用新鲜土样还是风干土样测定污染组分时，都需要测定土壤含水量，以便计算按烘干土样为基准的测定结果。

土壤含水量的测定要点是：对于风干土样，用分度为 0.001 克的天平称取适量通过 1 毫米孔径筛的土样，置于已恒重的铝盒中；对于新鲜土样，用分度为 0.01 克的天平称取适量土样，放于已恒重的铝盒中；将称量好的风干土样和新鲜土样放入烘箱内，于 (105±2)℃烘至恒重，按以下两式计算含水量：

$$含水量（湿基，\%）= \frac{m_1 - m_2}{m_1 - m_0} \times 100$$

$$含水量（干基，\%） = \frac{m_1 - m_2}{m_2 - m_0} \times 100 \qquad (4\text{-}12)$$

式中，m_0——烘至恒重的空铝盒质量，克；

m_1——铝盒及土样烘干前的质量，克；

m_2——铝盒及土样烘至恒重时的质量，克。

二、土壤 pH 值

土壤 pH 值是土壤重要的理化参数，对土壤微量元素的有效性和肥力有重要影响。pH 值为 6.5~7.5 的土壤，磷酸盐的有效性最大。土壤酸性增强，使所含许多金属化合物溶解度增大，其有效性和毒性也增大。土壤 pH 值过高（碱性土）或过低（酸性土），均影响植物的生长。

测定土壤 pH 值使用玻璃电极法。其测定要点是：称取通过 1 毫米孔径筛的土样 10 克于烧杯中，加无二氧化碳蒸馏水 25 毫升，轻轻摇动后用电磁搅拌器搅拌 1 分钟，使水和土样混合均匀，放置 30 分钟，用 pH 计测定上部浑浊液的 pH 值。

测定 pH 值的土样应存放在密闭玻璃瓶中，防止空气中的氨、二氧化碳及酸、碱性气体的影响土壤的粒径及水土比均对 pH 值有影响。一般酸性土壤的水土比（质量比）保持（1:1）~（5:1），对测定结果影响不大；碱性土壤水土比以 1:1 或 2.5:1 为宜，水土比增加，测得 pH 值偏高。另外，风干土壤和潮湿土壤测得的 pH 值有差异，尤其是石灰性土壤，由于风干作用，使土壤中大量二氧化碳损失，导致 pH 值偏高，因此风干土壤的 pH 值为相对值。

三、可溶性盐分

土壤中可溶性盐分是用一定量的水从一定量土壤中经一定时间提取出来的水溶性盐分。当土壤所含的可溶性盐分达到一定数量后，会直接影响作物的萌发和生长，其影响程度主要取决于可溶性盐分的含量、组成及作物的耐盐度。就盐分的组成而言，碳酸钠、碳酸氢钠对作物的危害最大，其次是氯化钠，而硫酸钠危害相对较轻。因此，定期测定土壤中可溶性盐分总量及盐分的组成，可以了解土壤盐渍程度和季节性盐分动态，为制定改良和利用盐碱土壤的措施提供依据。

测定土壤中可溶性盐分的方法有重量法、比重计法、电导法、阴阳离子总和计算法等，下面简要介绍应用广泛的重量法。

重量法的原理：称取通过 1 毫米孔径筛的风干土壤样品 1000 克，放入 1000 毫升大口塑料瓶中，加入 500 毫升无二氧化碳蒸馏水，在振荡器上振荡提取后，立即抽滤，滤液供分析测定。吸取 50～100 毫升滤液于已恒重的蒸发皿中，置于水浴上蒸干，再在 100℃～105℃烘箱中烘至恒重，将所得烘干残渣用质量分数为 15%的过氧化氢溶液在水浴上继续加热去除有机质，再蒸干至恒重，剩余残渣量即为可溶性盐分总量。

水土比和振荡提取时间影响土壤可溶性盐分的提取，故不能随意更改，以使测定结果具有可比性。此外，抽滤时尽可能快速，以减少空气中二氧化碳的影响。

四、金属化合物

（一）铅、镉

铅和镉都是动、植物非必需的有毒有害元素，可在土壤中积累，并通过食物链进入人体。测定它们的方法多用原子吸收光谱法和原子荧光光谱法。

1. 石墨炉原子吸收光谱法

该方法测定要点是：采用盐酸-硝酸-氢氟酸-高氯酸分解法，在聚四氟乙烯坩埚中消解 0.1～0.3 克通过 0.149 毫米（100 目）孔径筛的风干土样，使土样中的欲测元素全部进入溶液，加入基体改进剂后定容。取适量溶液注入原子吸收分光光度计的石墨炉内，按照预先设定的干燥、灰化、原子化等升温程序，使铅、镉化合物解离为基态原子蒸气，对空心阴极灯发射的特征光进行选择性吸收，根据铅、镉对各自特征光的吸光度，用标准曲线法定量。土壤中铅、镉含量的计算式见铜、锌的测定。在加热过程中，为防止石墨管氧化，需要不断通入载气（氧气）。

2. 氢化物发生-原子荧光光谱法

该方法测定原理的依据：将土样用盐酸-硝酸-氢氟酸-高氯酸体系消解，彻底破坏矿物质晶格和有机质，使土样中的欲测元素全部进入溶液。消解后的样品溶液经转移稀释后，在酸性介质中及有氧化剂或催化剂存在的条件下，样品中的铅或镉与硼氢化钾（KBH_4）反应，生成挥发性铅的氢化物（PbH_4）或镉的氢化物（CdH_4）。以氩气为载气，将产生的氢化物导入原子荧光分光光度计的石英原子化器，在室温（铅）或低温（镉）下进行原子化，产生的基态铅原子或基态镉原子在特制铅空心阴极灯或镉空心阴极灯发射特征光的照射下，被激发至激发态，由于激发态的原子不稳定，瞬间返回基态，发射出特征波长的荧光，其荧光强度与铅或镉的含量成正比，通过将测得的样品溶液荧光强度与系列标准溶液荧光强度比较进行定量。

铅和镉测定中所用催化剂和消除干扰组分的试剂不同，需要分别取土样消解后的溶液测定，它们的检出限可达到铅 $1.8×10^{-9}$ 克/毫升、镉 $8.0×10^{-12}$ 克/毫升。

（二）铜、锌

铜和锌是植物、动物和人体必需的微量元素，可在土壤中积累，当其含量超过最高允许浓度时，会危害作物。测定土壤中的铜、锌，广泛采用火焰原子吸收光谱法。

火焰原子吸收光谱法测定原理的依据：用盐酸–硝酸–氢氟酸–高氯酸消解通过 0.149 毫米孔径筛的土样，使欲测元素全部进入溶液，加入硝酸镧溶液（消除共存组分干扰），定容。将制备好的溶液吸入原子吸收分光光度计的原子化器，在空气-乙炔（氧化型）火焰中原子化，产生的铜、锌基态原子蒸气分别选择性地吸收由铜空心阴极灯、锌空心阴极灯发射的特征光，根据其吸光度用标准曲线法定量。按下式计算土壤样品中铜、锌的含量：

$$w = \frac{\rho \cdot V}{m(1-f)} \tag{4-13}$$

式中，w ——土壤样品中铜、锌的质量分数，毫克/千克；

ρ ——样品溶液的吸光度减去空白试验的吸光度后，在标准曲线上查得铜、锌的质量浓度，毫克/升；

V ——溶液定容体积，毫升；

M ——称取土壤样品的质量，克；

f ——土壤样品的含水量。

（三）总铬

由于各类土壤成土母质不同，铬的含量差别很大。土壤中铬的背景值一般为 20~200 毫克/千克。铬在土壤中主要以三价和六价两种形态存在，其存在形态和含量取决于土壤 pH 值和污染程度等。六价铬化合物迁移能力强，其毒性和危害大于三价铬。三价铬和六价铬可以相互转化。测定土壤中铬的方法主要有火焰原子吸收光谱法、分光光度法、等离子体发射光谱法等。

1. 火焰原子吸收光谱法

方法原理的依据：用盐酸–硝酸–氢氟酸–高氯酸混合酸体系消解土壤样品，使待测元素全部进入溶液，同时，所有铬都被氧化成 $Cr_2O_7^{2-}$ 形态。在消解液中加入氯化铵溶液（消除共存金属离子的干扰）后定容，喷入原子吸收分光光度计原子化器的富燃型空气-乙炔火焰中进行原子化，产生的基态铬原子蒸气对铬空心阴极灯发射的特征光进行选择性吸收，测其吸光度，用标准曲线法定量。其计算式同铜、锌的测定。

2. 二苯碳酰二肼分光光度法

称取土壤样品于聚四氟乙烯坩埚中，用硝酸–硫酸–氢氟酸体系消解，消解产物加水溶解并定容。取一定量溶液，加入磷酸和高锰酸钾溶液，继续加热氧化，将土样中的铬完全氧化成 $Cr_2O_7^{2-}$ 形态，用叠氮化钠溶液除去过量的高锰酸钾后，加入二苯碳酰二肼溶液，与 $Cr_2O_7^{2-}$ 反应生成紫红色铬合物，用分光光度计于 540 纳米波长处测量吸光度，用标准曲线法定量。此方法最低检出质量浓度为 0.2 微米（六价铬）/（25 毫升）。

（四）镍

土壤中含少量镍对植物生长有益，镍也是人体必需的微量元素之一，但当其在土壤中积累超过允许量后，会使植物中毒；某些镍的化合物，如羟基镍毒性很大，是一种强致癌物质。

土壤中镍的测定方法有火焰原子吸收光谱法、分光光度法、等离子体发射光谱法等，目前以火焰原子吸收光谱法应用最为普遍。

火焰原子吸收光谱法的测定原理是：称取一定量土壤样品，用盐酸-硝酸-氢氟酸体系消解，消解产物经硝酸溶解并定容后，喷入空气-乙炔火焰，将含镍化合物解离为基态原子蒸气，测其对镍空心阴极灯发射的特征光的吸光度，用标准曲线法确定土壤中镍的含量。

测定时，使用原子吸收分光光度计的背景校正装置，以克服在紫外光区由于盐类颗粒物、分子化合物产生的光散射和分子吸收对测定的干扰。

（五）总汞

天然土壤中汞的含量很低，一般为 0.1~1.5 毫克/千克，其存在形态有单质汞、无机化合态汞和有机化合态汞，其中，挥发性强、溶解度大的汞化合物易被植物吸收，如氯化甲基汞、氯化汞等。汞及其化合物一旦进入土壤，绝大部分被耕层土壤吸附固定。当积累量超过《土壤环境质量标准》最高允许浓度时，生长在这种土壤上的农作物果实中汞的残留量就可能超过食用标准。

测定土壤中的汞广泛采用冷原子吸收光谱法和冷原子荧光光谱法。

冷原子吸收光谱法的测定要点是：称取适量通过 0.149 毫米孔径筛的土样，用硫酸-硝酸-高锰酸钾或硝酸-硫酸-五氧化二机消解体系消解，使土样中各种形态的汞转化为高价态（Hg^{2+}）。将消解产物全部转入冷原子吸收测汞仪的还原瓶中，加入氯化亚锡溶液，把汞离子还原成易挥发的汞原子，用净化空气载带入测汞仪吸收池，选择性地吸收低压汞灯辐射出的 253.7 纳米紫外线，测量其吸光度，与汞标准溶液的吸光度比较定量。方法的检出限为 0.005 毫克/千克。

冷原子荧光光谱法是将土样经混合酸体系消解后，加入氯化亚锡溶液将离子态汞还原为原子态汞，用载气带入冷原子荧光测汞仪的吸收池，吸收 253.7 纳米波长紫外线后，被激发而发射共振荧光，测量其荧光强度，与标准溶液在相同条件下测得的荧光强度比较定量。方法的检出限为 0.05 毫克/千克。

（六）总砷

土壤中砷的背景值一般在 0.2~40 毫克/千克，而受砷污染的土壤，砷的质量分数可高达 550 毫克/千克。砷在土壤中以五价和三价两种价态存在，大部分被土壤胶体吸附或与有机物络合、螯合，或与铁（Ⅲ）、铝（Ⅲ）、钙（Ⅱ）等离子形成难溶性砷化物。砷是植物强烈吸收和积累的元素，土壤被砷污染后，农作物中砷含量必然增加，从而危害人和动物。

测定土壤中砷的主要方法有二乙基二硫代氨基甲酸银分光光度法、新银盐分光光度法、氢化物发生-非色散原子荧光光谱法等。

二乙基二硫代氨基甲酸银分光光度法测定原理：称取通过 0.149 毫米孔径筛的土样，用硫酸-硝酸-高氯酸体系消解，使各种形态存在的砷转化为可溶态离子进入溶液。在碘化钾和氯化亚锡存在下，将溶液中的五价砷还原为三价砷，三价砷被锌与酸反应生成的新生态氢还原为气态砷化氢（胂），被吸收于二乙基二硫代氨基甲酸银-三乙醇胺-三氯甲烷吸收液中，生成红色胶体银，用分光光度计于 510 纳米波长处测其吸光度，用标准曲线法定量。方法检出限为 0.5 毫克/千克。

新银盐分光光度法测定原理：土壤样品经硫酸-硝酸-高氯酸消解，使各种形态的砷转化为可溶态那离子进入溶液后，用硼氢化钾（或硼氢化钠）在酸性溶液中产生的新生态氢将五价砷还原为砷化氢（胂），被硝酸-硝酸银-聚乙烯醇-乙醇吸收液吸收，生成黄色胶体银，在分光光度计上于 400 纳米处测其吸光度，用标准曲线法定量。方法检出限为 0.2 毫克/千克。

五、有机化合物

（一）六六六和滴滴涕

六六六和滴滴涕属于高毒性、高生物活性的有机氯农药，在土壤中残留时间长，其半衰期为 2~4 年。土壤被六六六和滴滴涕污染后，对土壤生物会产生直接毒害，并通过生物积累和食物链进入人体，危害人体健康。

六六六和滴滴涕的测定方法广泛使用气相色谱法，其最低检出质量分数为 0.05~4.87 微克/千克。

1. 方法原理

用丙酮-石油醚提取土壤样品中的六六六和滴滴涕，经硫酸净化处理后，用带电子捕获检测器的气相色谱仪测定。根据色谱峰保留时间进行两种物质异构体的定性分析，根据峰高（或峰面积）进行各组分的定量分析。

2. 主要仪器及其主要部件

主要仪器是带电子捕获检测器的气相色谱仪，仪器的主要部件包括：

（1）全玻璃系统进样器。

（2）与气相色谱仪匹配的记录仪。

（3）色谱柱：长1.8~2.0米、内径2~3毫米的螺旋状硬质玻璃填充柱，柱内填充剂（固定相）为质量分数1.5%的OV-17（甲基硅酮）和质量分数1.95%的QF-1（氟代烷基硅氧烷聚合物）/Chromosorb WAW-DMCS，80~100目；或质量分数1.5%的OV-17和质量分数1.95%的OV-210/Chromosorb WAW-DMCS-HP，80~100目。

（4）电子捕获检测器：可采用^{63}Ni放射源或高温^{3}H放射源。

3. 色谱条件

气化室温度：220℃。柱温：195℃。载气（氮气，N_2）流量：40~70毫升/分钟。

4. 测定要点

（1）样品预处理：准确称取20克土样，置于索氏提取器中，用石油醚和丙酮（体积比为1∶1）提取，则六六六和滴滴涕被提取进入石油醚层，分离后用浓硫酸和无水硫酸钠净化，弃去水相，石油醚提取液定容后供测定。

（2）定性和定量分析：用色谱纯α-六六六、β-六六六、γ-六六六、δ-六六六、p, p'-DDE、o, p'-DDT、p, p'-DDD、p, p'-DDT和异辛烷、石油醚配制标准溶液；用微量注射器分别吸取3~6微升标准溶液和样品溶液注入气相色谱仪测定，记录标准溶液和样品溶液的气相色谱图。根据各组分的保留时间和峰高（或峰面积）分别进行定性和定量分析。

（二）苯并［a］芘

苯并［a］芘是研究最多的多环芳烃，被公认为强致癌物质。它在自然界土壤中的背景值很低，但当土壤受到污染后，便会产生严重危害。开展土壤中苯并［a］芘的监测工作，掌握不同条件下土壤中苯并［a］芘量的变化规律，对评价和防治土壤污染具有重要意义。

测定苯并［a］芘的方法有紫外分光光度法、荧光光谱法、高效液相色谱法等。

紫外分光光度法的测定要点是：称取通过0.25毫米孔径筛的土壤样品于锥形瓶中，加入三氯甲烷，在50℃水浴上充分提取，过滤，滤液在水浴上蒸发近干，用环己烷溶解残留物制成苯并［a］芘提取液。将提取液进行两次氧化铝层析柱分离纯化和溶出后，在紫外分光光度计上测定 350~410 纳米波段的吸收光谱，依据苯并［a］芘在 365 纳米、385 纳米、403 纳米处有三个特征吸收峰进行定性分析。测量溶出液对 385 纳米紫外线的吸光度，对照苯并［a］芘标准溶液的吸光度进行定量分析。该方法适用于苯并［a］芘质量分数大于 5 微克/千克的土壤样品，如苯并［a］芘质量分数小于 5 微克/千克，则用荧光光谱法。

荧光光谱法是将土壤样品的三氯甲烷提取液蒸发近干，并把环己烷溶解后的溶液滴入氧化铝层析柱上进行分离，分离后用苯洗脱，洗脱液经浓缩后再用纸层析法分离，在层析滤纸上得到苯并［a］芘的荧光带，用甲醇溶出，取溶出液在荧光分光光度计上测量其被 387 纳米紫外线激发后发射的荧光（405 纳米）强度，对照标准溶液的荧光强度定量。

高效液相色谱法是将土壤样品置于索氏提取器内，用环己烷提取苯并［a］芘，提取液注入高效液相色谱仪测定。

第五章　环境管理的含义与方法

第一节　环境与环境管理

一、环境的含义

（一）环境的概念

根据《环境科学大辞典》，环境是指"以人类为主体的外部世界，主要是地球表面与人类发生相互作用的自然要素及其总体。它是人类生存发展的基础，也是人类开发利用的对象"。根据《中华人民共和国环境保护法》（以下简称《环境保护法》），环境是指"影响人类生存和发展的各种天然的和经过人工改造的自然因素的总和，包括大气、水、海洋、土地、矿藏、森林、草原、野生生物、自然遗迹、人文遗迹、自然保护区、风景名胜区、城市和乡村等"。

环境要素是指构成人类环境整体的各个独立、性质不同而又服从于整体演化规律的基本物质组分，也称为环境基质。环境要素分为自然环境要素和社会环境要素，但通常指自然环境要素。环境要素包括非生物环境要素（如水、大气、阳光、岩石、土壤等）以及生物环境要素（如动物、植物、微生物等）。各环境要素之间相互联系、相互依赖、相互制约。由多个环境要素组成环境的结构单元，环境的结构单元又组成环境整体或环境系统。

（二）环境的分类

环境是以人类为主体的外部世界，它是一个非常复杂的体系。一般来说，可以根据不同的方法对环境进行分类。

1. 按照环境要素进行分类

根据环境要素的属性可把环境分成自然环境和人工环境两类。

人类活动使自然环境发生巨大的变化，然而，从总体上看，自然环境仍然按照自然规律发展和变化。根据环境的主要组成要素，自然环境可以分为大气环境、水环境（包括江河、海洋、湖泊等环境）、土壤环境、地质环境、生物环境（包括森林环境、草原环境等）等。

社会环境是人类在社会发展过程中，为满足自己物质文化生活需要而创造出来的人工环境。人们常常依据人工环境的用途或功能进行下一级的分类，一般分为聚落环境（如院落环境、村落环境、城市环境）、生产环境（如工厂环境、矿山环境、农场环境、林场环境、果园环境等）、交通环境（如机场环境、港口环境）、文化环境（如学校和文化教育区、文物古迹保护区、风景游览区和自然保护区）等。

2. 按照环境的功能和范围分类

按照环境的功能和范围可以将环境分为特定空间环境（如航空、航天的密封舱环境等）、车间环境（劳动环境）、生活区环境（如居室环境、院落环境等）、城市环境、区域环境（如流域环境、行政区域环境等）、全球环境和宇宙环境等。

（三）环境的基本特征

环境是以人类为主体的客观物质体系，它具有以下基本特征：

1. 整体性与区域性

环境区域性与环境整体性都是环境在空间维上的特性。

环境是一个整体，整体性是环境的最基本特性。整体性是指环境的各个组成部分和要素构成了一个系统，也就是说环境的各组成部分（包括大气、水体、土壤、植被、人工物等）以特定方式联系在一起，具有特定的结构，并通过稳定的物质、能量、信息网络进行运动，从而在不同时刻呈现出不同状态。环境系统的整体虽由部分组成，但整体功能不是各组成部分功能的简单累加之和，而是由各部分之间的结构形式决定的。不同的环境要素组成由于结构方式、组织程度、物质能量流动规模和途径不同而有不同的特性，例如城市环境与农村环境、水网地区环境与干旱地区环境等，其具体特性各异。

同时，环境有明显的区域差异，即区域性。环境的区域性是指环境整体特性的区域差异。具体地说，即不同区域的环境有不同的整体性。区域性的特点在生态环境中表现尤为突出。例如，内陆的季风和逆温、滨海的海陆风，就是因地理区域不同而形成的大气环境差异。因而，研究环境问题必须注意区域差异而形成的环境问题的差异性和特殊性。

2. 变动性与稳定性

环境的变动性与稳定性是环境在时间尺度上的特性。

变动性是指在自然或人类社会行为或二者共同作用下，环境的内部结构和外在状态处于持续变化中。与环境的变动性相对的是环境的稳定性。所谓稳定性，是指环境系统具有一定的自我调节功能，也就是说，在自然的和人类社会行为的作用下，环境结构和状态所发生的变化不超过一定限度时，环境系统可以借助于自身的调节功能维持、恢复原本的结构和状态。例如，生态系统的恢复、水体的自净作用，就是这种调节功能的体现。

变动是绝对的，稳定是相对的。环境保持其结构和功能情况下能够容许的变化限度是决定环境系统是否稳定的条件，而这种限度由环境本身的结构和状态决定。人类须自觉地控制自己的行为，使之与环境自身的变化规律相适配、相协调，以求环境状况朝着更有利于人类社会生存发展的方向变化。

3. 资源性与价值性

资源性和价值性是从环境与人类社会的效用关系角度体现出来的特性。对环境的作用，人类的认识是逐步深化的。总体来说，环境是人类生存和发展的基础，能够为人类的生活生产乃至精神享受提供必要的资源和条件。具体来看，环境的作用主要体现在以下四方面：一是提供资源，从古至今，人们衣食住行和生产所需的各种原料，都来自自然环境；二是消纳废物，自然环境通过物质迁移转化、微生物分解等途径消纳降解污染物质；三是精神享受，秀美山川、自然景观等能够给人提供美学享受和休闲游憩；四是生命支撑系统，自然界成千上万的生物物种以及生态群落构成的复合系统支持了人类生命的生存和延续。

环境具有资源性，因而具有价值。环境价值是一个动态的概念，随着社会的发展，环境资源日益稀缺，有些原来被认为没有价值或是低价值的资源，会变得越来越珍贵，如清洁的空气和水。人类的生存与发展离不开环境，从这个意义上讲，环境具有不可估量的价值。正确认识和把握环境的基本特性及其发展变化的规律，尊重环境自身的规律、是正确处理人与环境关系的前提条件。

4. 公共性和稀缺性

环境的公共性和稀缺性，是环境作为资源被人类利用过程中表现出来的特点。人类生活在环境之中，环境为人类提供生产与生活的资源，是典型的公共物品。人们普遍认为，环境是一种公共财产，并非专供某个人或者某部分人使用，每个人都应该自由地、免费地、长期地使用。然而在目前，人类无法回避的问题是，环境是一种稀缺资源，过度利用环境需要承担相应的后果，如何解决环境被过度开发利用的问题？

环境的公共性表现在两方面。一方面，环境是一个整体，环境要素普遍联系，难以分割，环境并不为某个人或某一群体所有，一个人对环境的使用不能排斥他人对环境的使用，如流动的大气、公海及海底资源等，是为人类所共有、共用的环境资源。另一方面，环境保护的受益者不仅仅是身处局部区域的群体，而是整个社会甚至是未来的世世代代；环境资源破坏性的影响往往不局限于当地、当今的人群，通常波及更广泛区域和更长时间。

同时，环境资源是有限的，无论是自然资源还是环境容量，都是有限的。环境对经济活动的承载能力，包括在一定条件下环境所能容纳污染物的水平和提供的自然资源的数量。一方面，资源利用会降低资源存量，若人类从自然界获取可再生资源的速度大大超过其再生能力，人类消耗不可再生资源的速度高于人类发现替代资源的速度，将导致可再生资源和不可再生资源的稀缺程度都急剧上升；另一方面，人类排入环境的废弃物，特别是有毒有害物质迅速增加，超过了环境的自然净化能力，干扰了自然界的正常循环，导致环境容量资源稀缺程度的加剧。当人们对环境资源的利用接近或超过环境承载力的极限时，环境资源的稀缺性就迅速显现。工业革命以来，人口规模和人类生产能力的扩张使人们对环境资源需求持续增加，环境资源的稀缺性凸显。

二、环境问题

（一）环境问题及其发展

1. 环境问题的概念

环境问题是指在人类活动或自然因素的干扰下引起环境质量下降或环境系统的结构损毁，从而对人类及其他生物的生存与发展造成影响和破坏的问题。

按照产生的原因，环境问题分为原生环境问题和次生环境问题两类。①原生环境问题，也称第一类环境问题，指由于自然因素引起的环境问题，如火山喷发造成的大气污染、地震造成的地质破坏和水体污染等。②次生环境问题，也称第二类环境问题或人为环境问题，指由于人类活动引起的环境问题。在环境管理中，环境问题主要指人为环境问题。但有时这两类环境问题会并存并相互作用，从而使环境恶化。

人为环境问题通常可以分为环境污染和生态破坏两大类。

环境污染是指由于人类在经济社会活动（包括生产活动和生活消费）过程中向自然环境排放超过自然环境消纳能力的有毒有害物质（即污染物）而引起的环境问题，如水域污染、大气污染、固体废物污染、噪声污染等问题。环境污染是人类不可持续发展模式和消费模式的产物。

生态破坏是指人类在各类自然资源开发利用过程中不能合理、持续地开发利用而引起的生态环境质量恶化或自然资源枯竭环境问题，如森林毁灭、荒漠化、水土流失、草原退化和生物多样性减少等问题。生态破坏是一种结构性破坏。生态系统的结构遭到超过一定程度的破坏时，会失去系统的稳定性和自律性，系统功能遭到破坏，并且难以通过自身调整来恢复。

按照环境介质划分，环境问题可以分为大气环境问题、水体环境问题、土壤环境问题等。

按照产生的原因划分，环境问题可以分为农业环境问题、工业环境问题、交通环境问题和生活环境问题等。

按照地理空间划分，环境问题可以分为局地环境问题、区域环境问题和全球环境问题。

2. 环境问题的产生与发展

环境问题自古有之，它伴随人类社会的发展而产生，是人与环境对立统一关系的产物。人类出现后，人类活动对地球系统产生影响的范围不断扩大，影响程度变得越来越明显。人类从过去的被动、从属于自然的状况，转变成一种对地球表层圈层系统产生极大影响的力量，在某些情况下对自然环境的影响甚至超越了地球自然作用。人类社会走过了史前文明、农业文明、工业文明、后工业文明等阶段，人类社会的发展在很大程度上是人与自然相互作用的过程，人与自然的关系变迁很大程度上是自然环境作用力与人类社会生产力不断变化、调整的历史。在不同时期，人与自然的关系表现不同、环境问题的性质和形式不同，因而人们对环境问题的理解和认识也不同。

（二）环境问题产生的根源

环境问题危及全人类的生存和发展。人们对环境问题产生的原因有许多不同说法：有人认为环境问题是人类科学技术落后的产物，人类对资源的利用率不高，对污染物处理技术不高；也有人认为环境问题是由于人类对资源价值认识不足，盲目或不合理开发资源，低效利用资源而造成的；还有人提出环境问题是人类不可持续发展模式（包括不可持续的消费模式）导致的等。诸多说法的提出，说明环境问题不仅仅是技术问题，同时也是经济问题、社会问题，是事关全人类发展的问题。

1. 环境问题产生的直接原因

环境问题产生的直接原因有以下三方面：

（1）人口膨胀带来的压力

庞大的人口压力和较高的人口自然增长率，对全球特别是一些发展中国家形成较大的资源环境压力。人口持续增长，对物质资料的需求和消耗随之增多，一旦超过环境供给资源和净化废弃物的能力，就会出现种种资源耗竭和环境问题。

（2）自然资源的不合理利用

人类开发可再生资源的速度超过了资源本身及其代替品的补给再生速度，对不可再生资源的开采加快了其耗竭的速度。加上生态意识淡薄，人类在生产中采用有害于环境的生产方法，未能有效控制污染物的排放，对生态环境保护没有给予足够的重视，导致环境问题。

（3）片面追求经济增长

传统的发展模式只关注经济领域的活动，将产值和利润的增长、物质财富的增加视作最重要的目标。在过去的发展中，人们采取以损害环境为代价来换取经济增长的发展模式，导致全球范围内的环境污染。

2. 环境问题产生的观念根源

从思想和基本观念方面看，环境问题产生的根源在于人类思想或人类哲学深处不正确的自然观和"人-地"关系观。在这些基本观念的支配下，人类的发展观、伦理道德观、价值观、科学观和消费观等存在根本性的缺陷和弊端。

从发展观来看，人类进入工业文明以来，发展被理解为经济增长，国内生产总值（GDP）是用来衡量发展水平的主要指标之一。这种对发展含义的片面理解无法反映发展的真正内涵，导致了人们对经济增长的片面追求，加剧了人类对环境的索取，包括自然资源的过度开发利用以及污染物的大量排放，导致环境问题愈演愈烈。《21世纪议程》指出："地球所面临的最严重的问题之一，就是不适当的消费和生产模式，导致环境恶化、贫困加剧和各国的发展失衡。"

从伦理道德观来看，现代文明社会以"人"为中心，人们把自然资源，包括森林、动植物等，看作是自己利用的对象，而且认为人类有权对自然界进行随心所欲的处置和改变。这种观念下，人类忽视了自己是世间万物中的一员这一事实，未能正确看待人类与其他生物存在共荣共损的关系，应该与其他物种和谐共处。现代文明社会中，人们从眼前利益和自身需求出发，无节制地开发利用自然资源，破坏生态环境，几乎不考虑后人生存和发展的需要。

从价值观来看，自然界对人类的价值，除了为人类提供生产和生活资源，更重要的是对地球生命系统的支持。在相当长的时间里，人类认为，水、空气、生物、矿产等自然资源和自然要素都是没有价值的，在以经济利益最大化为根本目的的经济活动中，自然资源和自然要素被大量使用却没有在市场活动中反映出其价值，于是出现了环境成本外部性。从环境经济学的角度看，环境成本外部性是产生环境问题的原因之一。

从科学观看，人们一直认为，认识自然、改造自然、征服自然的水平高低和能力大小是衡量科学的唯一价值尺度。过去，人类只注重科学所产生的经济效益，忽视其社会效益，特别是环境效益。这种科学观的扭曲，导致了方法论的扭曲，使科学观念膨胀为破坏自然的工具，发展走上了一条以牺牲环境为代价的发展道路。

从消费观看，人的消费是人类社会生产归根结底的推动力，消费取决于人的需要。根据人类需要层次论，人的需要大致可以分为生存的需要、物质享受的需要和精神享受的需要三个层次。一般说来，低层次需要的一定程度的满足是高层次需要产生的基础，但低层次的需要，尤其是物质享受需要的满足程度，却因人的价值观而异。目前，消费已经异化成一种刺激生产的因素、一种体现自身存在价值的因素。

三、环境管理的基本概念

（一）环境管理的含义

1. 关于环境管理的定义和理解

（1）管理的含义

通常来说，管理是指通过计划、组织、激励、领导、控制等手段，结合人力、物力、财力、信息等资源，以期高效地达到组织目标的过程。我国管理学高校教程《现代管理学》把"管理"定义为："在社会活动中，一定的人或组织依据所拥有的权利，通过一系列职能活动，对人力、物力、财力及其他资源进行协调或处理，以达预期目标的活动过程。"管理活动通常由四要素构成，即管理主体（由谁管）、管理客体（管什么）、组织目的（为何而管）、组织环境或条件（在什么情况下管）。

由于角度不同，人们对管理的认识和理解并不完全一致。科学管理理论倡导者——美国人弗雷德里克·温斯洛·泰罗（Frederick Winslow Taylor）认为，管理就是确切知道要别人去干什么，并使他们用最好、最经济的方法去干；管理过程学派鼻祖——法国人法约尔（Henri Fayol）认为，管理是所有的人类组织（不论是家庭、企业或政府）都有的一种活动，这种活动由计划、组织、指挥、协调和控制五项职能完成；管理过程学派代表人物——美国人哈罗德·孔茨（Harold Koontz）认为，管理就是设计和保持一种良好环境，使人在群体里高效率地完成既定目标；现代管理之父德鲁克认为，归根到底，管理是一种实践，其本质不在"知"而在"行"，其验证不在逻辑而在成果，其唯一权威就是成就；我国管理学家周三多教授认为，管理是社会组织中，为了实现预期的目标，以人为中心进行的协调活动。

基于对管理的认识角度不同，对管理本质有不同的理解：

管理就是一种活动过程，它自始至终融入人们工作的各个环节；

管理就是协调，它贯穿于管理的整个过程；

管理的本质就是行动，在于实践，其验证不在逻辑，而在成果，其唯一权威就是成就；

管理就是决策；

管理就是计划、组织、指挥、协调和控制的过程；

管理的本质就是变通;

管理的本质就是对欲望进行管理;

管理的本质就是追求效率。

（2）环境管理的含义

目前，环境管理没有统一公认的定义。

《环境科学大辞典》提出，环境管理有两种含义：

从广义上讲，环境管理指在环境容量的允许下，以环境科学理论为基础，运用技术的、经济的、法律的、教育的和行政的手段，对人类的社会经济活动进行管理。

从狭义上讲，环境管理指管理者为了实现预期的环境目标，对经济、社会发展过程中施加给环境的污染和破坏性影响进行调节和控制，实现经济、社会和环境效益的统一。

环境管理是通过对人们自身思想观念和行为进行调整，以求达到人类社会发展与自然环境的承载能力相协调。也就是说，环境管理是人类有意识的自我约束，这种约束通过行政的、经济的、法律的、教育的、科技的等手段来进行，它是人类社会发展的根本保障和基本内容。

环境管理是指依据国家的环境政策、环境法律、法规和标准，坚持宏观综合决策与微观执法监督相结合，从环境与发展综合决策入手，运用各种有效管理手段，调控人类的各种行为，协调经济、社会发展同环境保护之间的关系，限制人类损害环境质量的活动，以维护区域正常的环境秩序和环境安全，实现区域社会可持续发展的行为总体。其中，管理手段包括法律、经济、行政、技术和教育五个手段，人类行为包括自然、经济、社会三种基本行为。

综观以上定义，可以从以下方面理解环境管理的概念：

环境管理首先是对人的管理。环境管理可以从广义和狭义两个角度去理解：广义上，环境管理包括一切为协调社会经济发展与保护环境而对人类社会经济活动进行自我约束的行动；狭义上，环境管理是指管理者为控制社会经济活动中产生的环境污染和生态破坏行为所进行的调节和控制。

环境管理主要是要解决次生环境问题，即由人类活动造成的各种环境问题。

环境管理是国家管理的重要组成部分，涉及社会经济生活的各个领域，其管理内容广泛而复杂，管理手段包括法律手段、经济手段、行政手段、技术手段和教育手段等。

2. 环境管理的目的和任务

（1）环境管理的目的

环境管理的目的是解决环境问题，协调社会经济发展与保护环境的关系。

环境问题产生并伴随社会经济迅速发展变得日益严重，根源在于人类的思想和观念的偏差导致人类社会行为的失当，最终使自然环境受到干扰和破坏。因此，改变基本思想观念，从宏观到微观对人类自身行为进行管理，逐步恢复被损害的环境，减少或消除新的经济活动对环境的破坏，保证人类与环境能够持久地、和谐地协同发展下去，成为环境管理的根本目的。具体来说，就是要创建一种新的生产方式、新的消费方式、新的社会行为规则和新的发展方式。

（2）环境管理的基本任务

环境问题的产生源于思想观念和社会行为两个层次的原因。为了实现环境管理的目的，环境管理的基本任务有两个：一是转变人类社会的一系列基本观念，二是调整人类社会的行为。

转变人类观念是解决环境问题的最根本办法，它包括消费观、伦理道德观、价值观、科技观和发展观直至整个世界观的转变。这种观念的转变将是根本的、深刻的，它将带动整个人类文明的转变。应该承认，只靠环境管理无法完成这种转变，但环境管理可以通过建设环境文化来帮助人们转变观念。环境管理的任务之一就是指导和培育环境文化。环境文化是以人与自然和谐为核心和信念的文化，环境文化渗透到人们的思想意识中，使人们在日常生活和工作中能够自觉地调整自身的行为，以达到与自然环境和谐共处的目的。

调整人类社会行为，是更具体也更直接的解决环境问题的路径。人类社会行为主要包括政府行为、市场行为和公众行为三种。政府行为是指国家的管理行为，诸如制定政策、法律、法令、发展计划并组织实施等。市场行为是指各市场主体包括企业和生产者个人在市场规律的支配下，进行商品生产和交换的行为。公众行为则是指公众在日常生活中诸如消费、居家休闲、旅游等方面的行为。这三类主体行为都可能会对环境产生不同程度的影响。所以说，环境管理的主体和对象是由政府行为、市场行为、公众行为所构成的整体或系统。对这三种行为的调整可以通过行政手段、法律手段、经济手段、教育手段和科技手段来进行。

环境管理的两项任务是相互补充、相辅相成的。环境文化的建设对解决环境问题能够起根本性的作用，但是文化建设是一项长期的任务，短期内对解决环境问题效果并不明显；行为调整可以较快见效，而且行为调整可以反过来促进环境文化的建设。所以说，环境管理中，对这两项工作应同等重视，不可有所偏颇，只有这样才能做到标本兼治，长期有效地进行环境管理。

（二）环境管理的对象和内容

1. 环境管理的对象

环境问题主要是因人类的社会经济活动而产生，因此解决环境问题，应该对人类的社会经济活动进行引导并加以约束。因此，人作为社会经济活动的主体，是环境管理的对象。值得注意的是，这里说的人，不止包括自然人，也包括法人。一般来说，人类社会经济活动的主体主要包括以下几方面：

（1）个人

个人的社会经济活动，主要是指其消费活动，即作为个体的人为了满足自身生存和发展的需要，通过生产劳动或购买获得用于消费的物品和服务。消费品既可以直接从环境中获得，也可以通过市场购买来获得。消费活动会产生各种废弃物，废弃物会以不同的形态和方式进入环境，从而对环境产生各种负面影响。消费活动对环境可能造成的影响包括消费品的包装物、消费过程中对消费品进行加工处理而产生的废物、消费品使用后作为废物进入环境。

对个人行为进行环境管理，主要是提高公众的环境意识，采取各种政策措施引导和规范消费者的消费行为，建立合理的、有利于环境改善的消费模式。

（2）企业

企业作为社会经济活动的主体，其主要活动是通过向社会提供物质性产品或服务来获得利润。一般而言，企业的生产过程需要向自然界索取自然资源，将其作为原材料投入生产活动中，同时排放出污染物。所以，企业的生产活动，特别是工业企业的生产活动，会对环境系统的结构、状态和功能产生负面影响。

对企业行为的环境管理常常包括技术、行政、经济法律等措施。例如，制定相关的环境标准，限制企业的排污量；实行环境影响评价制度，禁止过度消耗自然资源、严重污染环境的项目建设；运用经济刺激手段，鼓励清洁生产，支持和培育对环境友好产品的生产等。对企业行为的环境管理，还可以通过企业文化的建设，使企业主动承担社会责任，从生产单元内部减少或消除造成环境压力的因素；从企业外部形成约束机制和社会氛围，使企业难以用破坏环境的办法来获利，营造对环境友好的企业行为和有利于技术研发、获得较高回报的市场条件。

（3）政府

政府作为社会行为的主体，其主要活动包括：

作为投资者，为社会提供公共消费品和服务，如由政府直接控制军队和警察等国家机器，经办供水、供电、交通、文教等公用事业等；

掌握国有资产和自然资源的所有权，以及对自然资源开发利用的经营和管理权；

运用行政和政策手段对国民经济实行宏观调控和引导，其中包括政府对市场的政策干预。

不论是提供商品和服务的活动还是对国民经济的调控，政府行为都会对环境产生相应的影响。值得注意的是，宏观调控对生态环境所产生的影响牵涉面广，而且影响深远，但宏观调控与其环境影响的关系却常常不易被察觉、被重视。因此，政府须实行宏观决策的科学化，控制和减少政府行为所引发的环境问题。

2. 环境管理的内容

环境管理的内容取决于环境管理的目标。环境管理的根本目标是协调发展与环境的关系，涉及人口、经济、社会、资源和环境等重大问题，关系到国民经济的各方面，决定了其管理内容必然是广泛的、复杂的。

政府是环境管理的对象，同时它又是最重要的环境管理者。从政府环境管理的角度，环境管理的内容主要包括以下两方面：

（1）环境质量管理

所谓环境质量，是指在特定环境中，环境整体或各要素对人群的生存繁衍以及社会经济发展影响的优劣程度或适宜程度。环境质量通常分为空气环境质量、水环境质量、声环境质量、土壤环境质量等。评价环境质量优劣的基本依据是环境质量标准，环境质量标准是为保护人群健康和公私财产而对环境中污染物（或有害因素）的容许含量所做的规定。

政府规定不同功能区的环境质量要达到相应的标准。以空气环境质量为例，我国国家标准《环境空气质量标准》规定，自然保护区、风景名胜区和其他需要特殊保护的地区应达到国家空气环境质量一级标准；城镇规划中已经确定的居民区、商业交通居民混合区、文化区、一般工业区和农村地区应达到二级标准；特定的工业区应达到三级标准等。《环境空气质量标准》规定了各种污染物的浓度。

环境质量管理主要是针对环境污染问题进行的管理活动。根据环境要素的不同，环境质量管理的内容可以进一步细分为大气环境管理、水环境管理、声学环境管理、土壤环境管理和固体废物环境管理等。

（2）生态环境管理

生态环境指在不同的时间域和空间域中，由各要素以不同的结构形式联系在一起，具有一定状态的自然环境，它是人类赖以生存和发展的基础。自然环境要素主要包括空气、土地、水、生物、矿物、气候等，这些自然环境要素也可称为自然资源。

人类经济社会活动超过一定强度时，会引起自然环境中的要素及其结构、状态发生变化，即物质、能量和信息的流动方式与流动状况发生改变，而这些变化可能会对人类的生存和发展不利。所以，人类有必要管理好自己在生态环境中的参与行为，也就是进行生态环境管理。

在生态环境管理中，重点是对自然环境的要素（自然资源）进行管理。根据其更新或补给速率，自然资源可分为可再生资源（如水、生物、气候）和不可再生资源（如矿物）。

对于可再生资源来说，目前面临的主要问题是，人类的开发利用速率远远超过它的补给速率，以致可再生资源的数量或质量不断下降，甚至濒临耗竭。因此，可再生资源管理的目标是确保人类对可再生资源的开发利用速率不超过补给速率，包括对水资源的合理开发利用，保护生物物种、遗传基因和生态系统多样性，拯救濒危的动植物资源等。

对于不可再生资源来说，目前面临的主要问题是，人类对它的开发利用数量呈指数规律增长，可能会有一些不可再生资源在可预见的未来被消耗殆尽，影响后人的发展需要；另一方面，不可再生资源是自然生态系统中不可缺少的环节，它的枯竭将意味着整个自然生态系统的崩溃，因此，对于不可再生资源管理的目标是，提高不可再生资源的利用率，尽可能减缓不可再生资源的消耗速率，以使人类有足够的时间进行技术体系的调整，保证自然生态系统不致崩溃，包括耕地保护、节能降耗、开发利用新能源等。

按照自然资源的种类，自然资源管理可划分为水资源管理、土地资源管理、矿产资源管理、生物资源管理等。

(三) 环境管理的主要原则

环境管理应该遵循以下三个原则：可持续发展原则、全过程控制原则和环境经济的双赢原则。

1. 可持续发展原则

1987年，世界环境与发展委员会提出了《我们共同的未来》专题报告，将可持续发展定义为"可持续发展是指既满足当代人的需要，又不损害后代人满足需要的能力的发展"。从此，可持续发展思想逐步得到了推广，并为世人所接受。

(1) 公平性原则 (fairness)

可持续发展强调发展须实现两方面的公平。一是本代人的公平，即代内平等。可持续发展要满足全球人民的基本需求，使得全球人民都有机会去满足他们要求更好生活的愿望。二是代际的公平，即世代平等。由于人类赖以生存的自然环境资源是有限的，本代人不能因为自己的发展与需求而损害后代满足发展需求的条件，应该保障世世代代拥有公平利用自然资源的权利。

(2) 持续性原则 (sustainability)

持续性原则的核心思想是指人类的经济建设和社会发展不能超越自然资源与生态环境的承载能力。资源与环境是人类生存与发展的基础。可持续发展要求人类发展须建立在保护地球自然系统基础上，对自然资源的开发利用速率应充分顾及资源的临界性，以不损害支持地球生命的大气、水、土壤、生物等自然系统为前提。换句话说，人类需要根据持续性原则调整自己的生活方式，确定自己的消耗标准，不能过度生产和过度消费。从这个角度说，可持续发展不仅要求人与人之间的公平，还要顾及人与自然之间的公平。

（3）共同性原则（common）

虽然世界各国历史、文化和发展水平的差异，可持续发展的具体目标、政策和实施步骤不可能是唯一的。但是，可持续发展作为全球发展的总目标，所体现的公平性原则和持续性原则，则是应该共同遵从的。要实现可持续发展的总目标，从根本上说，就必须采取全球共同的联合行动，认识到我们的家园——地球的整体性和相互依赖性，促进人类及人类与自然之间的和谐，保持人类内部及人与自然之间的互惠共生关系。

2. 全过程控制原则

环境管理是人类针对环境问题而对自身行为进行的调节，环境管理的内容应当包括所有对环境产生影响的人类社会经济活动。全过程控制就是指对人类活动的全过程进行管理控制。这里所说的全过程，可以指逻辑上的全过程，也可以指时序上的全过程。

全过程控制意味着环境管理内容的综合集成，即环境管理除了包括对人类活动进行管理，还包括对环境系统的保护和建设，提高环境系统提供自然资源和较高环境质量的能力；全过程控制意味着环境管理对象的综合集成，环境管理的对象包括政府、企业和公众的行为，包括组织行为、生产行为和消费行为，这些行为常常交织在一起，或是以连锁形式出现；全过程控制意味着环境管理手段和方法的综合，"社会—经济—环境"系统是一个极为复杂的巨系统，同时也是一个开放系统，系统的特征使得该系统内的许多关系有较大的随机性、不确定性和模糊性，需要用跨学科、跨行业的管理方法，定性和定量相结合的管理方式，以及包括法律、行政、经济、技术和教育等在内的多种管理手段。

例如，在生产行为管理上，产品的生命全过程包括原材料开采、生产加工、运输分配、使用消费、废弃物处置，生命周期管理、清洁生产、环境标志制度等体现了全过程控制的原则。

3. 环境与经济的双赢原则

双赢原则是指处理利益冲突的双方（也可以是多方）关系时，使双方都得利益，而不是以牺牲一方利益的方式来保障另一方获利。双赢既是一种策略，也是一种结果。处理环境与经济的冲突时，就必须去寻求既能保护环境又能促进经济发展的方案，这也是可持续发展的要求。

环境问题的发生往往涉及多方面，跨部门、跨行政区域的环境问题不可能由某个部门或行政区域来解决。在环境管理的实际工作中，需要处理与多个部门、多个地区有关的环境管理问题，必须遵循双赢原则。

在不同的环境问题处理中，要实现双赢，最重要的是规则，其次是技术和资金。所谓规则，指法律、标准、政策和制度。规则是协调冲突，达到双赢的保障，双赢并不是双方都会得到最大限度的好处，而是彼此在遵守规则的前提下双方的妥协和利益平衡。各种经济主体之间没有规则的竞争，对任何一方都不会有好处。比如在工厂排污和附近农民发生纠纷的情况下，要协调工厂和农民的矛盾，要以污染排放标准及有关的法律规定为依据，才能顺利解决问题。

技术和资金在体现双赢原则时常起着十分关键的作用。比如，节水技术对于农业的作用、节能技术对于工业的作用。钢厂若要提高钢产量，就会增加需水量，可以通过原来工艺的技术改造，提高水的循环利用率来满足生产需要，而不增加新鲜用水量的需求。这样，同时实现了钢产量的提高和水资源的节约。在这个典型案例中，技术和资金的作用十分关键。

（四）环境管理学的内涵和特点

环境管理学是在人类长期探索保护环境、解决环境问题的过程中形成的。环境管理学是以实现可持续发展战略为根本目标，以研究环境管理的规律、特点、理论和方法学为基本内容的科学。它综合运用环境科学和管理科学的理论与方法，研究"人类—环境"系统的管理过程和运动规律，采用各种手段调控人类社会经济活动与环境保护之间的关系，为环境管理提供理论和方法上的指导。

环境管理是一门新兴的、迅速发展的科学。环境管理学具有以下特点：

1. 环境管理是交叉性的综合学科

环境管理学是一门综合自然科学和社会科学相关内容的综合科学。它是人类出于自身生存与发展的需要，探索正确运用自然生态环境规律和社会经济规律，调控自身的行为，以求得社会经济与环境协调发展的科学。环境管理学是在传统学科交叉、综合基础上形成的一门新学科。这与环境管理学所研究的对象有关，环境管理学所面对是人类社会与自然环境组成的复合系统，即"环境—社会"系统，因此，它既需要汲取社会科学中的管理学、经济学、伦理学等学科的精髓，也需要吸收自然科学如生态学、生物学、物理、化学等学科的基础理论和研究成果。

2. 环境管理是复杂性科学

环境管理面对的是社会经济—自然环境复合系统，环境管理须使自然规律和社会规律相匹配、相耦合；环境管理的对象是自然环境—人类社会的复杂巨系统，该系统成分多样、结构复杂，表现出多种多样的功能，且具有动态性、空间差异性等特点。这些因素决定了环境管理学的复杂性特征。

第二节　环境管理思想和方法

一、环境管理思想的发展历程

环境管理思想来源于人类对环境问题的认识和解决环境问题的社会实践。人类对环境问题的认识，经历了曲折的道路，自 20 世纪 60 年代以来出现了两次大的转变，推动了现代环境管理思想的变革和发展。20 世纪 80 年代末至 90 年代初，因全球性环境问题日益加重和《我们共同的未来》共同作用，引发了第二次环境管理思想的革命。1992 年里约热内卢联合国环境与发展大会召开，标志着可持续发展观全球达成共识，在环境管理发展史上树起了第二座里程碑。

(一) 现代环境管理思想的形成

20 世纪中叶，环境污染日趋加重，特别是西方国家公害事件不断发生，促使人们思考和研究环境问题。其中，20 世纪六七十年代发表的相关研究成果，对现代环境管理思想与理论的形成具有重要作用，其间举行的国际性环境会议无疑对推动全球环境管理意义重大。

1. 《寂静的春天》是现代环境保护运动的起点

20 世纪 50 年代末，美国海洋生物学家蕾切尔·卡逊（Rachel Carson）在潜心研究美国使用杀虫剂所产生的种种危害之后，于 1962 年发表了环境保护科普著作《寂静的春天》。

《寂静的春天》描述了杀虫剂污染带来的严重危害："大地无虫鸣，林中无鸟叫"，杀虫剂污染使许多鸟种绝迹，从南极的企鹅到北极的白熊，甚至在因纽特人身上都发现了 DDT 成分。书中描述了污染物迁移、转化的规律，阐明了人类同自然界的密切关系，初步揭示了污染对生态系统的影响，提出了现代生态学研究所面临的生态污染问题。作者向世人呼吁，我们长期以来行驶的道路，容易被误认为是一条可以高速前进的平坦、舒适的超级公路，但实际上，这条路的终点潜伏着灾难，而另外的道路则为我们提供了保护地球的最后唯一的机会。但是，这"另外的道路"究竟是什么样的，书中没有具体说明。蕾切尔·卡逊作为环境保护的先行者，其思想较早地引发了人类对自身的传统行为和观念进行比较系统和深入的反思。

1970 年初，美国《国家环境政策法》批准生效，同年 12 月，美国国家环境保护署成立。1970 年 12 月，日本国会经辩论后通过《公害基本法修正法案》等有关的 14 个法案，该届国会因此被称为"环境国会"。1971 年，日本环境厅成立。其他一些工业化国家也陆续通过环境保护相关法律，成立环境保护机构。

2. 《增长的极限》引起世界对资源问题的严重忧虑

1968 年，来自世界各国的几十位科学家、教育家和经济学家等学者聚集罗马，成立了一个非正式的国际协会——罗马俱乐部（The club of Rome）。该组织的工作目标是，关注、探讨与研究人类面临的共同问题，使国际社会对人类面临的社会、经济、环境等诸多问题有更深入的理解，并在现有知识基础上，推动扭转不利局面的新态度、新政策和新制度的出现。

受俱乐部的委托，以麻省理工学院梅多斯（Dennis. L. Meadows）为首的研究小组，针对长期流行于西方国家的高增长理论进行深刻反思，于 1972 年提交了罗马俱乐部成立后的第一份研究报告——《增长的极限》。报告深刻阐明了环境的重要性以及资源与人口之间的基本联系，并指出：由于世界人口增长、粮食生产、工业发展、资源消耗和环境污染这五项基本因素的运行方式是指数增长而非线性增长，因为粮食短缺和环境被破坏，全球的经济增长将会在 21 世纪某个时段内达到极限，而地球的支撑力一旦达到极限，经济增长将发生不可控的衰退。要避免因超越地球资源极限而导致的崩溃，最好的方法是限制增长，即"零增长"。

《增长的极限》一发表立即在国际社会特别是学术界，引起了强烈的反响。该报告促使人们在密切关注人口、资源和环境问题的同时，对反对增长的观点以尖锐的批评和责难，引发了一场激烈的、旷日持久的学术之争。由于种种因素的局限性，《增长的极限》中所阐述的结论和观点的确存在明显缺陷。然而，该报告对人类前途的严重忧虑唤起了国际社会对人类发展道路的觉醒，其积极意义是毋庸置疑的。它所阐述的"合理的、持久的均衡发展"，为孕育可持续发展的思想萌芽提供了土壤。

3. 《人类环境宣言》和墨西哥会议形成了现代环境管理思想的总体框架

20 世纪 50 年代后，西方各国经济发展采取高投入的方式，形成了增长热，之后的二三十年里，创造了前所未有的经济奇迹——把一个饱受战争创伤的世界，推向一个崭新的电子时代。但同时，人类赖以生存的自然环境不断遭到破坏和践踏，世界各地不断发生公害事件，环境污染的范围和规模不断扩大。为了保护自身的安全和健康，人们开展了反对公害的环境保护运动，环境保护成为国际社会生活的一个主要内容。

(1) 《人类环境宣言》提出了现代环境管理的思想框架

1972 年 6 月 5 日—16 日，联合国人类环境会议在瑞典斯德哥尔摩召开，这是世界各国政府共同讨论当代环境问题、探讨全球环境保护战略的第一次国际会议。6 月 16 日的第 21 次全体会议通过了《联合国人类环境会议宣言》（即《人类环境宣言》）。《人类环境宣言》呼吁各国政府和人民为维护和改善人类环境，造福全体人民、造福子孙后代而共同努力。会议提出了"为了这一代和将来世世代代保护和改善环境"的口号。会议提出了7个共同观点和26项共同原则。这些共同观点和原则成为现代环境管理的思想基础和理论框架。同时，会议决定在联合国框架下成立一个负责全球环境事务的组织，统一协调和规划有关环境方面的全球事务。由此，1973年成立了联合国环境规划署（Unitednations Environ—ment Programme，UNEP）。

受联合国人类环境会议秘书长莫里斯·斯特朗委托，英国经济学家芭芭拉·沃德（Bar-baramary Ward）和美国生物学家勒内·杜博斯组织完成了会议的非正式报告《只有一个地球——对一个小小行星的关怀和维护》。该报告第一次提出了只有一个地球，人类应该同舟共济的理念，在论及污染问题基础上，将污染问题与人口问题、资源问题、工艺技术影响、发展不平衡，以及世界范围的城市化困境等联系起来，作为一个整体来探讨环境问题。该报告提出了地球行星的生物圈概念，以及生态环境和社会经济的相互依赖性，始终将环境与发展结合在一起讨论。在谈到发展中国家的问题时，作者指出：贫穷是一切污染中最坏的污染。

《只有一个地球》在人类环境会议上起到基调报告的作用，其中的许多观点被会议采纳，并写入了《人类环境宣言》，成为世界环境运动史上一份有着重大影响的文献。

（2）墨西哥会议进一步明确了协调环境与发展这个环境管理的核心思想

1974年，联合国环境规划署（UNEP）和联合国贸易与发展会议（UNCTAD）在墨西哥联合召开了"联合国资源利用、环境与发展战略方针专题讨论会"（即墨西哥会议）。会议确认了导致环境恶化的社会和经济因素，发表了正式声明《科科约克宣言》（TheCocoyoc Declaration）。会议就以下几方面达成了共识：

经济和社会因素，例如财富和收入的分配方式、国内和国家间谋求发展而引起的问题等，常常是环境退化的根本原因。

满足人类的基本需要是国际社会和各国的主要目标，尤其重要的是，满足最穷阶层的需要，但不应侵害生物圈的承载能力的外部极限。

不同国家中不同的团体，对生物圈的要求有明显差异。富国先占有许多廉价的自然资源，且不合理地使用自然资源，挥霍浪费；穷国往往没有任何选择的余地，只有去破坏生死攸关的自然资源。

发展中国家不要步工业化国家的后尘，而应走自力更生的发展道路。

发达国家与发展中国家，两者为选择发展方式和新的生活方式所做的探索，是协调环境与发展目标的手段。

我们这一代应具有远见，应考虑后代的需要，不能只想先占有地球的有限资源，污染它的生命维持系统，危害未来人类的幸福，甚至使其生存也受到威胁。

会上达成了三点共识，包括：

全人类的一切基本需要应当得到满足；

要进行发展以满足基本需要，但不能超出生物圈的容许极限；

协调这两个目标的方法即环境管理。

这样，"环境管理"概念首次被正式提出。

（3）人类环境会议和墨西哥会议对环境管理思想产生了积极的促进作用

1972年人类环境会议所形成的共同观点和共同原则，构筑起了现代环境管理思想和理论的总体框架，而墨西哥会议则进一步明确了环境管理的核心是协调发展和环境的关系。人类环境会议和墨西哥会议所提出的观点、原则和见解，是人类对环境问题认识的重大转变，是环境管理思想的一次革命，有以下三个主要成果：

①唤起世人的环境意识，是人类对环境问题认识的一个转折点

在人类环境会议召开之前，环境问题基本上被看作一个由于人口集中的城市发展和工业发展而带来的大气、水质、噪声和固体废弃物的污染。人类环境会议明确提出了人类面临的多方面的环境污染和广泛的生态破坏，揭示了它们之间的相互关系，指出了环境问题不仅表现为水、空气、土壤等污染且已达到十分危险的程度，主要表现在生态遭破坏和资源枯竭，提高了人们对环境问题的危害性、复杂性和严重性的认识。

②指出环境问题的根源，提出在发展中解决环境问题的原则

在人类环境会议之前，一些西方学者把环境问题归根于"增长"，提出"零增长"的解决方案。《人类环境宣言》将发展与人类的基本需求结合起来，把发展的概念逐步由"经济发展"推向"全社会发展"，把解决环境问题的途径由工业污染控制推向全方位的环境保护，不仅揭示了环境问题的根源，还提出社会、经济改革的方向，标志着现代环境管理思想的一次革命。

③明确提出现代环境管理的概念，构筑了环境管理思想和理论的总体框架

在人类环境会议之前，已经开展了实质性的环境管理工作。20世纪60年代，部分国家设立了环境保护机构，开展工业"三废"（废水、废气、废渣）治理。人类环境会议首次明确提出：必须委托适当的国家机关对国家的环境资源进行规划、管理或监督，以期提高环境质量。《人类环境宣言》所提出的7个共同观点和26项共同原则，初步构筑起环境管理思想和理论的总体框架。它明确提出自然资源保护原则、经济社会发展原则、人口政策原则和国际合作原则，以及通过制订发展规划、设置环境管理机构、开展环境教育和环境科学技术研究等多种途径加强环境管理。墨西哥会议进一步地明确了环境管理的任务是协调发展与环境的关系，指出选择新的发展方式和生活方式是实现协调发展与环境的基本途径。

（二）环境管理思想的发展

当代人对人类社会经济活动、生存环境和发展的反思，逐渐丰富和完善了这代人的发

展观，不仅反映了这代人的超前意识和忧患意识，也反映了当代人的社会责任感。1980 年 3 月 5 日，联合国向全世界发出呼吁：必须研究自然的、社会的、生态的、经济的以及利用自然资源过程中的基本关系，确保全球持续发展。1981 年，美国学者莱斯特·布朗（Lester Brown）的著作《建设一个可持续的社会》（*Building a Sustainable Society*）明确提出可持续发展和可持续社会的观点，可持续发展思想逐步兴起，成为处理生态、经济与人的需求之间关系的基本思想，对环境管理产生了积极的影响。

1. 《我们共同的未来》推动环境管理思想实现重要飞跃

1984 年，联合国世界环境与发展委员会（WCED）成立，主要负责制定长期的环境对策，研究推动国际社会更有效地解决环境问题的途径和方法。1987 年，该委员会向联合国大会提交了研究报告《我们共同的未来》（*Our Common Future*）。该报告被称为"可持续发展的第一个国际性宣言""可持续发展的路标"。

《我们共同的未来》给出了"可持续发展"的定义。报告指出，我们需要有一条新的发展道路，这条道路不是一条仅能在若干年内、在若干地方支持人类进步的道路，而是一直到遥远的未来都能支持全人类进步的道路。这实际上就是卡逊在《寂静的春天》中没能提供答案的所谓的"另外的道路"，即"可持续发展道路"。该报告鲜明、创新的科学观点，把人们从单纯考虑环境保护引导到把环境保护与人类发展切实结合起来，实现了人类环境与发展思想的重要飞跃。

如果说罗马俱乐部《增长的极限》和人类环境会议所引发的"第一次环境管理思想的革命"，促使人们对经济发展的环境影响给予高度关注，使人们认识到忽视环境的经济发展的严重后果，那么，《我们共同的未来》则强调生态压力——土壤、水域、大气和森林等的退化对经济前景产生的影响应予以关注，转向思考如何实现有利于环境的经济发展方式，并且强调需要形成更加广阔的观点。这是环境管理思想的又一次重大变革，其核心仍是环境与发展的关系，这个更加广阔的观点就是持续发展。

可持续发展强调各种经济活动的生态合理性，强调对资源、环境有利的经济活动应给予鼓励。发展不单纯是经济增长，同时也必须关注生态环境。在发展指标上，不以国民生产总值作为衡量发展水平的唯一指标，而是用社会、经济、文化、环境等多维度的多项指标来衡量发展水平。可持续发展要求将眼前利益与长远利益、局部利益与全局利益有机地统一起来，使经济沿着健康的轨道发展。具体而言，包括以下方面的内容：

可持续发展的内涵同时包括经济发展、社会发展以及保持并建设良好的生态环境。经济发展和社会进步的持续性与维持良好的生态环境密切相关。经济发展应包括数量增长和质量提高两方面。数量的增长是有限的，需要依靠科学技术进步，同时实现经济、社会、生态效益，这样的发展才是可以持续的。

自然资源的永续利用是保障社会经济可持续发展的物质基础。可持续发展主要依赖可再生资源特别是生物资源的永续性，必须努力保持自然生态环境，维护地球的生命支持系统，保护生物的多样性。

自然生态环境是人类生存和社会经济发展的物质基础，犹如空气和水一样，是人类生存和进步不能离开的东西。可持续发展就是谋求实现社会经济与环境的协调发展和维持新的平衡。

控制人口增长与消除贫困，是与保护生态环境密切相关的重大问题。

《我们共同的未来》深刻地揭示了当今世界环境与发展间存在问题的根源，提出了持续发展战略和实施持续发展的政策导向和现实行动方案，初步形成了新形势下环境管理思想和理论的改革思路，引发了现代环境管理思想的第二次革命。

2. 联合国环境与发展大会提出了人类环境与发展的行动纲领

1992 年 6 月 3 日—14 日，联合国环境与发展大会在巴西里约热内卢召开，182 个国家代表团、102 位政府首脑或国家元首参加了会议。这次大会讨论了人类生存面临的环境与发展问题，否定了"高生产、高消费、高污染"的传统模式，通过了《里约环境与发展宣言》（又称《地球宪章》）、《21 世纪议程》《气候变化框架公约》《生物多样性公约》和《关于森林问题的原则声明》等重要文件和公约，奠定了可持续发展的基础，也为环境与发展领域的国际合作确立了一整套指导原则。为这次会议做准备并在全球广泛散发的《保护地球——持续生存战略》，即经过修订的《世界保护战略（WCS）》（1991 年出版），提出了可持续生存和发展的 9 项原则和旨在建立可持续发展社会而采取的 132 个具体行动，明确提出了建立一个可持续社会的任务。这次会议被认为是人类迈入 21 世纪意义最为深远的一次世界性会议。

3. 联合国可持续发展大会明确了可持续发展的行动计划

2002 年 8 月 26 日—9 月 4 日，在南非约翰内斯堡召开的联合国可持续发展大会，是联合国历史上最大规模的一次会议。会议通过了《可持续发展执行计划》和《约翰内斯堡政治宣言》，确定发展仍是人类共同的主题，首次将消除贫困纳入可持续发展理念中，重申了对可持续发展的承诺，进一步提出了经济、社会、环境是可持续发展不可或缺的三大支柱，以及水、能源、健康、农业和生物多样性等是实现可持续发展的五大优先领域。

4. 联合国可持续发展大会（"里约+20"峰会）进一步推动可持续发展

2012 年 6 月 20 日—22 日，联合国可持续发展大会作为 1992 年里约联合国环境发展大会和 2002 年约翰内斯堡世界可持续发展首脑会议的后续，恰逢 20 年后再度于里约热内卢召开，又称"里约+20"峰会。会议通过了最终成果文件——《我们憧憬的未来》。

这次会议是在全球经济不景气、可持续发展面临新挑战背景下召开的，发达国家与发展中国家对推进可持续发展看法不尽相同。会议围绕"可持续发展和消除贫困背景下的绿色经济"和"促进可持续发展的机制框架"两大主题展开讨论。

《我们憧憬的未来》开宗明义指出,世界各国再次承诺实现可持续发展,确保为我们的地球及今世后代,促进创造经济、社会、环境可持续的未来。消除贫困是当今世界面临最大的全球挑战,是可持续发展不可缺少的要求。文件重申了共同但有区别的责任原则,决定发起可持续发展目标讨论进程,并肯定绿色经济是实现可持续发展的重要手段之一。

二、环境管理方法的演变

环境管理的概念受到不断发展的环境科学、管理理论、经济学理论和法学理论等的直接影响。30多年来,环境保护从消极的公害治理、应对全球性环境问题(如臭氧层耗损、全球变暖、生物多样性消失、荒漠化、海洋污染等)走向实施可持续发展。世界各国,主要是发达国家的环境管理方法,大致经历了以下四个发展阶段:

(一)采取限制措施

环境污染事件早在19世纪就已有发生,如英国泰晤士河的污染、日本足尾铜矿的污染事件等。20世纪50年代前后,相继发生了比利时马斯河谷烟雾、美国洛杉矶光化学烟雾、美国多诺拉镇烟雾、英国伦敦烟雾以及日本水俣病、日本富山骨痛病、日本四日市哮喘病和日本米糠油污染事件,即所谓的"八大公害事件"。由于当时尚未搞清这些公害事件产生的原因和机理,所以一般只是采取限制措施。如,英国伦敦发生烟雾事件后,政府制定了法律,限制燃料使用量和污染物排放时间。

(二)开展"三废"治理

20世纪50年代末60年代初,发达国家环境污染问题日益突出,各发达国家相继成立环境保护专门机构。当时主要的环境问题是工业污染和局部地区污染问题,如河流污染、城市空气污染等。人们认为环境污染问题属于技术问题,所以环境保护工作主要是治理污染源、减少排污量,试图通过技术发展和末端治理来解决环境问题。因此,在法律上,颁布了一系列环境保护的法规和标准,加强法治;在经济上,采取给工厂企业补助资金,帮助工厂企业建设净化设施,并通过征收排污费或实行"谁污染,谁治理"的原则,解决环境污染的治理费用问题。

这一阶段大致从20世纪50年代末到70年代末。这一时期的环境管理主要采取末端控制的污染治理措施,实质上只是环境治理,投入大量资金进行环境污染控制,环境管理成了治理污染的代名词。

在理论研究上，各个学科分别从不同的角度研究污染物在环境中的迁移扩散规律，研究污染物对人体健康的影响、研究污染物的降解途径等，从而形成了早期的环境科学的基本形态，如环境化学、环境生物学、环境物理学、环境医学、环境工程学等。

（三）进行预防为主，综合防治

1972 年的人类环境会议成为人类环境保护工作的历史转折点，它加深了人们对环境问题的认识，扩大了环境问题的范围。《人类环境宣言》指出，环境问题不仅是环境污染问题，还应该包括生态破坏问题。人们开始把环境与人口、资源和发展联系在一起，解决环境污染问题的思路也开始从单项治理发展到综合防治。

随着时间的推移，其他环境问题诸如生态遭到破坏、资源枯竭等问题陆续显现出来；同时，作为环境管理主要手段的末端治理实施过程中，显现出各种问题，如需要投入大量资金、治理难度大、不能彻底解决环境问题等，于是，20 世纪 70 年代末，人们提出了"预防为主，综合防治"的环境保护策略，在环境管理措施上逐渐从消极控制污染转向积极防治，包括实行环境影响评价制度、对污染物排放同时实行浓度控制和总量控制、制订地区环境规划、推行清洁生产等。这一阶段大致从 20 世纪 70 年代末到 80 年代后期。

（四）实行综合决策

从 20 世纪 80 年代后期开始，随着《我们共同的未来》的出版以及 1992 年联合国环境与发展大会的召开，人们对环境问题的认识提高到一个新的阶段，人们终于认识到环境问题是人类社会在传统自然观和发展观等人类基本观念支配下的发展行为造成的必然结果，要真正解决环境问题，首先必须改变人类的发展观，推行可持续发展。发展不能仅仅局限于经济发展，应该统筹平衡社会经济发展与环境保护，协调这两者的关系，实现社会、经济、人口、资源和环境的协调发展和人的全面发展。

在继续加大环境治理力度的基础上，引进综合决策机制是这一阶段进行环境管理的基本特征，也是实现可持续发展的保证。20 世纪 80 年代初，由于发达国家经济萧条和能源危机，各国迫切需要协调发展、就业和环境三者之间的关系，并寻求协调环境与发展的方法和途径。该阶段环境保护工作的重点是：制定经济增长、合理开发利用自然资源与环境保护相协调的长期政策。

里约环境与发展大会是世界环境保护工作的新起点——在可持续发展理念下，探求环境与人类社会发展的协调方法，实现人类与环境的可持续发展。和平、发展与保护环境是相互依存和不可分割的。至此，环境保护工作已从单纯的污染问题扩展到人类生存发展、社会进步这个更广阔的范围，环境与发展成为世界环境保护工作的主题。

第三节　环境管理的理论基础

一、生态学原理

生态学的基本原理是环境规划与管理的重要理论基础，多年环境规划与管理工作取得的成果亦大多来自对生态学规律认识的进步。如我国著名生态学家马世骏提出的复合生态系统理论，美国环境学家米勒（G. T. Miller）提出的生态学三定律：极限性原理、生态链原理和生物多样性原理。

（一）复合生态系统理论

1. 复合生态系统理论的内容

复合生态系统理论是由我国著名生态学家马世骏提出的，其内容概括为：当今人类赖以生存的社会、经济、自然是一个复合大系统的整体。社会是经济的上层建筑；经济是社会的基础，是社会联系自然的中介；自然则是整个社会、经济的基础，是整个复合生态系统的基础。以人的活动为主体的系统，如农村、城市和区域，实质上是一个由人的活动的社会属性及自然过程的相互关系构成的社会、经济和自然的复合生态系统。

2. 复合生态系统的结构及功能

复合生态系统由社会、经济和自然相互作用、相互依赖的子系统组成。社会子系统包括人的物质生活和精神生活的各方面，以高密度的人口和高强度的消费为特征；经济子系统包括生产、分配、流通和消费等环节，以物资从分散到集中的高密度运转、能量从低质到高质的高强度集聚、信息从低序到高序的连续积累为特征；自然子系统包括人类赖以生存的基本物质环境，以生物与环境的协同共生及环境对区域活动的支持、容纳、缓冲及净化为特征。

3. 复合生态系统理论和环境规划与管理

研究了解一个区域的复合生态系统，对本区域的环境规划与管理有着深刻的指导作用。

环境规划与管理实质上是一种克服人类经济社会活动和环境保护活动盲目性和主观随意性的科学决策活动。它的基本任务为：

依据有限环境资源及其承载能力，对人类的经济和社会活动具体规定其约束和需求，以便调控人类自身的活动，协调人与自然的关系；

根据经济和社会发展以及人民生活水平提高对环境越来越高的要求，对环境的保护与建设活动做出时间和空间的安排和部署。

因此，环境规划与管理要以经济和社会发展的要求为基础，针对现状分析和趋势预测中的主要环境问题，通过对相关资源和能源的输入、转换、分配、使用和污染全过程的分析，确定主要污染物的总量及发展趋势；弄清制约社会经济发展的主要环境资源要素，结合环境承载力分析，从经济—社会—自然复合生态系统的结构、特性、规模与发展速度的角度协调发展与环境的关系；提出相应的协调因子，反馈给复合生态系统，并针对这些协调因子的实现，从政策和管理方面提出建议，同时归纳出环境治理措施和战略目标。

区域环境规划与管理应该依据宏观层次的环境保护总体战略，将着眼点放在探求区域社会经济发展与环境保护相协调的具体途径上，遵循复合生态系统的运行规律，根据不同功能区的环境要求，从环境资源的空间入手，合理进行资源配置，使环境资源的开发、利用与保护并举，调整区域生产力布局、产业结构投资方向，提高生产技术水平和污染控制技术水平，并将相应的协调因子反馈给经济和社会子系统，以减少排污量，减轻环境压力或调整环境总量目标。

（1）自然子系统对环境规划与管理的指导作用

自然环境是环境演变的基础，也是人类生存发展的重要条件，它制约着自然过程和人类活动的方式和程度。自然环境的结构、特点不同，人类利用自然发展生产的方向、方式和程度亦有明显的差异。人类活动对环境的影响方式和程度以及环境对于人类活动的适应能力，对污染物的降解能力也随之不同。同时，由于现代科学技术的发展，人类能够在很大程度上能动地改造自然，改变原来自然环境的某些特征，形成新的环境。现代环境在自然环境的基础上叠加社会环境的影响，形成不同于自然环境的演化方向。因而，必须综合研究区域的复合生态系统，从而研究其区域特征和区域差异，寻求环境规划与管理的方法，使制订的环境规划与管理的方法符合当地社会经济发展规律，有利于区域环境质量状况的实质性改观。

（2）社会、经济子系统对环境规划与管理的指导作用

在复合生态系统中，社会、经济、自然三个子系统是互相联系、互相制约的，且总是在不间断的动态发展之中。因此，环境规划与管理必须考虑到社会和经济的发展及发展速度。如果随着社会和经济的发展速度的调整，环境规划与管理方案未能做出相应调整，那环境规划与管理方案会由于与实际情况相差太远失去意义。

科学技术的发展促使人类生态不断由低级向高级方向发展，并大大促进了人类自身的发展。然而，不合理地利用自然资源和管理不善，人类活动对自然生态系统的干扰在加剧，社会、经济的发展引起环境质量下降和生态退化，最终影响人类自身的生活、健康和福利。也就是说，许多环境问题都是由社会、经济活动引起的，要想处理好这些环境问

题，做好环境规划与管理，就必须摆好复合生态系统中社会、经济的位置，脱离这两大系统而进行的环境规划与管理必定是不切实际的，甚至毫无使用价值。

（二）生态学三定律

1. 第一定律

美国环境学家小米勒（G. T. Miller, Jr.）的生态学第一定律表述为：任何行动都不是孤立的，对自然界的任何侵犯都具有无数效应，其中许多效应是不可逆的。该定律又称为极限性原理或多效应原理。生态环境系统中的一切资源都是有限的，环境对污染和破坏所带来的影响的承受能力也是有限的，如果超出限度，就会使自然环境系统失去平衡，引起质变，造成严重后果。因此，在进行环境规划与管理时，应根据事物的极限性定律，对环境系统中各因素的功能限度如环境容量和环境承载力等，进行慎重的分析。

（1）环境容量

环境容量是一个复杂的反映环境净化能力的量，其数值应能表征污染物在环境中的物理、化学变化及空间机械运动性质（《环境科学大辞典》中的定义）。简单地说，环境容量是指某环境单元所允许容纳的污染物质的最大数量。环境容量是以反映生态平衡规律、污染物在自然环境中的迁移转化规律以及生物与生态环境间的物质能量交换规律为基础的综合性指标。

环境容量由基本环境容量（或稀释容量）和变动环境容量（或自净容量）两部分组成。合理利用环境的稀释容量和自净容量，对环境污染防治具有重要的经济价值，从这个意义上讲，环境容量是一种重要的环境资源。

目前，环境容量被广泛应用于区域环境的污染物排放总量控制中。如在进行城市环境综合整治规划时，通常是根据污染源调查结果和已制订的社会经济发展规划，利用各种模型预测未来的环境质量，再根据预测结果和已确定的环境目标，通过浓度、排放量转换关系计算环境容量，然后根据环境容量和污染物总削减量，最后得到综合治理的总量控制方案。

（2）环境承载力

在环境规划与管理实践中，人们逐渐发现，将环境这样一个复杂的自组织系统，简单地视为污染物收纳容器是不合适的。环境容量只能表征环境的一部分功能，环境除了容纳污染物，还为人类提供着生存、发展所必需的资源、能源等，所以，环境对人类社会的支持作用远大于环境容量这一概念的内涵，于是出现了环境承载力的概念。

环境承载力是指某一时刻环境系统所能承受的人类社会、经济活动的能力阈值。环境承载力是环境系统功能的外在表现，即环境系统具有依靠能流、物流和负熵流来维持自身稳态，有限地抵抗人类系统的干扰并重新调整自组织形式的能力。环境承载力是描述环境状态的重要参数之一，某一时刻的环境状态不仅与环境自身的运动状态有关，还与人类作用有关。环境承载力反映了人类与环境相互作用的界面特征，是研究环境与经济是否协调发展的重要判据。

对于环境承载力的定量表达，到目前为止仅有概念模型，没有环境承载力的具体函数表达。在实际工作中，往往通过建立环境承载力的指标体系来间接地表示某一区域的环境承载力。从环境系统与人类社会、经济系统之间物质、能量和信息的联系角度看，环境承载力指标系统可以分为以下三个部分：

资源供给指标，如水资源、土地资源和生物资源等；

社会影响指标，如经济实力、污染治理投资、公用设施水平和人口密度等；

污染容纳指标，如污染物的排放量、绿化状况和污染物净化能力等。

环境规划与管理的目标是协调环境与社会、经济发展的关系，力求在发展经济的同时不断改善环境质量。换句话说，就是不断提高环境承载力。环境规划与管理不仅要对重点污染源的治理做出安排，还要以环境承载力为约束条件，在环境承载力的范围之内对区域产业结构和经济布局提出最优方案，即在环境承载力范围之内制定经济发展的最优政策。

2. 第二定律

小米勒的生态学第二定律表述为：每一种事物无不与其他事物相互联系和相互交融，该定律又被称为生态链原理。按照该原理，模仿生态系统物质循环和能量流动的规律构建工业系统，推行循环经济模式，研究现代工业系统运行机制的耦合思想，是环境规划与管理的重要理论基础。该定律在环境规划与管理中的重要应用是建立生态工业园。

生态工业园是一种工业系统，它有计划地进行原材料和能源交换，寻求能源和原材料使用的最小化、废物最小化，建立可持续的经济、生态和社会关系。我国环保部门把生态工业园定义为依据清洁生产要求、循环经济理念和工业生态学原理而设计建立的一种新型工业园区。它通过物流和能量流传递等方式把不同工厂或企业连接起来，形成共享资源和互换副产品的产业共生组合，使一家工厂的废物或副产品成为另一家工厂的原料或能源，模拟自然系统，在产业系统中建立"生产者—消费者—分解者"的循环途径。在我国，比较成功的生态工业园有贵港生态工业园（制糖）、海南生态工业园（环保产业）、鲁北企业集团（石膏制硫酸联产水泥和海水利用）和湖南黄兴生态工业园（电子、材料、制药和环保等多产业共生体）等。

3. 第三定律

小米勒的生态学第三定律表述为：我们生产的任何物质均不应对地球上自然的生物地球化学循环有任何干扰。此定律又被称为勿干扰原理或生物多样性原理。该定律给环境规划与管理提出了转变人类观念和调整人类行为、建立人与自然和谐相处的环境伦理观的基本任务。

环境伦理是指人对自然的伦理，它涉及人类在处理与自然间的关系时，什么是正当、合理的行为，以及人类对自然界具有什么样的义务等问题。近些年，出现了一些关于环境伦理学的比较有代表性的观点，如生命中心主义、地球整体主义和代际公平等环境伦理观。

各种伦理观由于出发点和考虑问题的角度不同，各自成为相对独立的思想体系，但其环境伦理在根本目标上是一致的，即试图通过提出人与自然环境间的伦理关系，来解决人类面临的日益严重的生态破坏和环境污染问题。将生态学的知识上升至伦理的高度，要求人类从伦理的角度来看待和约束自己的行为，从根本上解决环境污染和生态破坏问题。

二、人地系统理论

人地系统是地球表层上人类活动与地理环境相互作用形成的开放的复杂巨系统。人地系统由人类社会系统和地球自然物质系统组成。人类社会系统是人地系统的调控中心，决定人地系统的发展方向和具体面貌；地球自然物质系统是人地系统存在和发展的物质基础和保障。人类社会系统和地球自然物质系统之间存在着双向反馈的耦合关系。人类社会系统以其主动的作用力施加于地球自然物质系统，并引起它发生变化，而变化了的地球自然物质系统又把这些作用的结果反馈给人类社会系统，作为原因再影响人类社会系统的活动。它们任何一方都既作为原因又作为结果对对方的行为产生影响，二者之间形成了能动作用与受动作用的辩证统一。

(一) 人地系统的特征

人地系统是一个开放的、复杂的、远离平衡态的、具有耗散结构的自组织系统。它具有如下特征：

1. 复杂性

人地系统层次结构众多，可以分解为若干子系统，而子系统又可以继续分解为次级子系统等。其主要特征是具有大量的状态变量，反馈结构复杂，输入与输出均呈现出非线性特征。

2. 开放性

人地系统的任何一个区域都不是孤立存在的，都需要与外界进行不断的物质、能量和信息的交换。这种交换既包括与其他区域进行交换，也包括与外层空间进行的交换。人地系统只有开放才能不断发展，否则就将走向灭亡。

3. 远离平衡态

人地系统是一个开放的系统，充分的开放使得系统与环境的充分交换成为可能，也使得系统远离平衡成为可能。只有远离平衡才有发展。

4. 具有耗散结构

人地系统是一个远离平衡态的系统，它可以随着系统内部的涨落由一种状态通过内部的自组织转变为新的有序状态，并依靠与外界交换物质和能量，保持一定的稳定性。它实际是一种具有耗散结构的自组织系统。

5. 具有协同作用

人地系统发生的无序向有序转变的自组织作用的机制在于系统内部和各子系统之间的各要素会彼此合作，即协同作用。协同作用的结果产生了宏观的有序，协同作用越大，则系统整体功能越强。当人与环境之间的协同作用强时，就表现为人地关系的和谐。

6. 时空特征

人地系统的时间过程在静态上表现为规模、结构、格局、分布效益，在动态上表现为演变、交替、发展周期，它的空间特征表现为区位、生存空间、生态系统、地域实体。

（二）人地系统的协调共生理论

1. 人地系统协调共生的耗散结构理论原理

耗散结构理论认为，人地关系地域系统作为远离平衡态的开放系统，形成耗散结构的过程正是靠因开放而不断向其内输入低熵能量物质和信息、产生负熵流而得以维持。

根据热力学第二定律，人地系统遵循熵变规律：

$$dS = dS_i + dS_e \tag{5-1}$$

式中，dS_i——人地系统的熵产生，dS_i恒大于等于零；

dS_e——人地系统与环境之间的熵交换引起的熵流；

dS——人地系统的熵变。

区域作为一个由人类活动系统和地理环境系统组成的人地协调共生巨系统，维持二者协调共生的充要条件就是从其外部环境不断获取负熵流，在此基础上形成人类活动系统与地理环境系统之间以及两大系统内部益于人类发展的因果反馈关系。

2. 人地系统协调共生的理论意义

人地系统的协调共生，一方面要顺应自然规律，充分合理地利用地理环境；另一方面要对已经破坏了的不协调的人地关系进行调整。具体表现如下：

（1）协调的目标是一个多元指标构成的综合性战略目标

社会经济必须发展，但要把改善生态条件、合理利用自然资源、提高环境质量以及由此涉及的生态、社会指标都纳入社会经济发展的指标体系中，从而构成一个多元指标组成的综合性发展战略目标。

（2）采取经济发展与生态环境建设相结合的同步发展模式

发展经济是主导，因为只有经济发展了，才可能为生态环境建设提供必要的资金、技术，从而提高人类保护环境的能力；发展经济也必须重视生态环境建设，以生态系统的总体制约为限度，保护环境的目的是更好地发展经济。

（3）合理开发区域自然资源，使其达到充分利用和永续利用

现代人地关系协调论认为，保护资源就是保护生产力，在经济发展中必须考虑不同性质的自然资源的特殊性，采取有利于维护自然资源总体使用价值的开发、利用方式。创造有益于自然资源再生产的条件，因地制宜，取长补短，使其得到充分的、永续的利用。

（4）整治生态环境，使生态系统实现良性循环

人类在社会经济活动中所需要的物质和能量，都直接或间接来自生态环境系统。人类对生态环境的干预和影响，不能超过生态环境系统自我调节机制所允许的限度，如果超出了生态环境容量，就必须积极采取措施，整治生态环境，引导生态系统实现良性循环。

3. 人地系统理论对环境规划与管理的启示

人地系统的非协调共生主要表现为系统的熵增过程，环境规划与管理的任务就是要认识环境系统的耗散结构规律，人为地调控环境系统中的物质和能量的交换关系，抑制系统熵的增加，使人地系统朝着相对有序的方向发展，创造和保持对人类工作和生活最优的环境状态。

环境规划与管理的目标是协调环境与社会、经济发展之间的关系，是为了促进区域的可持续发展，而具备可持续发展的区域，在其发展过程首先要表现为人地系统的稳定和协调。但是，具有稳定和协调的区域环境不一定是可持续的，如果该区域环境十分脆弱，受到破坏便很难通过自组织作用再次达到有序的稳定和协调状态，那这样的环境就不具备可持续性，就需要通过环境规划和管理加以保护和整治。

人地系统是非线性的系统，各种各样的要素相互作用、相互制约，构成了错综复杂的网络体系。关于人地系统的理论成果为环境规划与管理提供了新的思路。

人地系统是一个复杂的巨系统，现代科学目前尚不能有效地描述和处理各种复杂巨系统的问题，目前唯一有效的办法就是将专家经验、统计数据和信息资料、计算机技术三者结合起来的综合集成法。实际上，区域环境系统内部要素之间与系统内外要素之间都存在

着大量的自组织现象和非线性相关现象，实际上它是一个开放的复杂巨系统。对这一系统进行研究，仅凭常规方法是不见成效的，其正确而有效的方法目前只能是综合集成法。综合集成法必然会成为环境规划与管理的有效方法和途径。

三、环境经济学理论

（一）环境经济学的基本理论

环境经济学研究的是发展经济与保护环境之间的关系，即研究环境与经济的协调发展理论、方法和政策。环境经济学研究的主要内容包括环境经济学基本理论、研究分析方法（主要是环境费用—效益分析）和环境管理经济手段的设计与应用等。

环境经济学的基本理论包括经济制度与环境、环境问题外部性、环境质量公共物品经济学、经济发展与环境保护、环境政策的公平与效率问题。

环境经济学的分析研究方法主要有环境退化的宏观经济评估、环境质量影响的费用—效益分析、环境经济系统的投入产出分析、环境资源开发项目的国民经济评价。

正在研究和广泛采用的环境管理经济手段主要有收费制度（如排污收费、使用者收费、管理收费等）、财政补贴与信贷优惠（主要是补助金制度和税费减免等）、市场交易（如排放交易市场、市场干预和责任保险等）和押金制度。

（二）区域环境问题的经济学分析

环境规划与管理的目的是推进环境保护与经济的协调发展，从而合理有效地解决环境问题。环境经济学为环境问题的分析提供了有效的视角，即在市场经济条件下普遍存在的问题有市场失效、环境问题非确定性和不可逆性、环境保护与经济发展的矛盾等。

1. 市场失效

在市场经济条件下，对区域环境资源开发利用的目的是讲求效益与收益的最大化。但是市场机制既有实现资源最优配置的功效，同时也有不利于环境保护的缺陷，即所谓的市场失效问题。导致市场失效的主要原因有公共物品性、外部性、垄断竞争的存在以及非对称性。

（1）公共物品性

公共物品是指消费中的无竞争性和非排他性的物品，而环境资源的公共物品性是导致环境问题产生的根源之一。环境资源消费的无竞争性，表现在某一经济主体或个人对环境资源的消费不会影响其他主体对同一资源的消费；环境资源的非排他性，表现在某一主体即使没有支付相应的保护与治理费用，也无法将其排除在消费这一资源的群体之外。因此，社会中的每个人或团体都可以根据自身的费用—效益准则来利用资源，追求自身经济利益的最优化，而毫不顾忌他们的行为对环境资源造成的影响，甚至破坏环境。而对于环境保护，每个人都不愿意付出，存在着免费搭车的心理。

（2）外部性

外部性是指某个微观经济单位的生产、消费等经济活动对其他微观经济单位所产生的非市场性的影响。从资源配置角度分析，外部性表示不在决策者考虑范围之内的时候所产生的一种低效率现象。其中，对受影响者有利的外部性称为外部经济性，对受影响者不利的外部性称为外部不经济性。

由于外部成本发生在生产和交易过程之外，所以不受市场力量的约束，在市场上无法自行消除，造成了市场失效。市场失效的存在使经济个体或个人过度地开发利用自然资源，无所顾忌地排放废弃物，从而直接影响到环境资源的永续利用。

（3）垄断竞争的存在

完全竞争或完全垄断的市场都是不存在的。实际存在的市场是一个介于二者之间的既有垄断又有竞争的市场，即垄断竞争的市场机制。

垄断竞争市场经济中存在两个阻碍社会资源最优配置或社会经济高效率的因素：一是阻碍生产资源在不同行业和地区之间自由移动的因素，如制度性因素；另一个是由垄断力所形成的买方或卖方对市场价格的操纵。在垄断竞争市场中，虽然生产者追求利益最大化的动机没有变，但其追求利润的效率或资源配置的有效性发生了变化。在垄断竞争下，制定产品价格时过高地估计了生产资源的社会或私人真实成本，从而引起整个资源分配系统和经济效益的下降，出现市场缺陷。

（4）非对称性

导致市场失效的非对称性因素主要有技术进步的非对称性和信息的非对称性两方面。

技术进步包括两种类型：一是资源开发利用技术，另一个是环境资源保护技术。客观地说，这两种技术进步对人类都是有效用的，但资源开发利用技术实际上往往反应快，周期短，投资回报率高；而环境资源保护技术往往难度大，需要投入多，周期长，成功率和市场收益率低。因此，市场条件下的技术进步往往倾向于资源开发利用技术，从而出现了两种技术进步的非对称性。

信息的非对称性是指在市场条件下，生产者与消费者之间、经济发展与环境保护之间以及当前与未来之间、本区域与他区域或更大区域之间的信息的非对称性。这些信息的不对称性通常表现为前者对后者占有优势，经济发展的信息优势也通常引发经济发展与环境的不协调，即环境保护滞后于经济发展。而对于当前情况的信息优势，即对未来的不确定性或不可准确预见性，也容易阻碍代际公平的实现，而代际公平恰恰是可持续发展的着眼点之一。本区域的信息优势也会导致区域间的公平障碍，或者说忽略了更大范围，甚至是全局的利益。

2. 环境问题的非确定性和不可逆性

环境问题的非确定性是指在规划决策时，由于对环境问题的认识和预测不能全面而准确，由此导致的各种预料不到的环境问题的产生。

环境问题的不可逆性是指资源的耗竭和生态破坏可能具有不可逆性，即无法恢复的特征。对于不可再生资源，这一点很好理解；而对于可再生资源，如果开发利用超出了他们的自我更新能力，就会导致资源无法遏制地衰竭。

因此，强调环境问题的不确定性和不可逆性，是为了促使政策制定者或管理者在制订环境规划与管理时高度重视环境问题。

3. 环境保护与经济发展的矛盾

从理论上讲，环境规划与管理是为了促进经济与环境的协调发展，而在实际工作中，二者是一对较难调和的矛盾，无论是牺牲经济增长来保护环境还是一味地追求经济增长而宁可接受环境退化的后果，这二者都不是环境规划与管理的目的。那么，化解环境与经济之间的矛盾，避免其冲突，应该成为环境规划与管理研究的核心内容。

环境库兹涅茨曲线表明：一个国家在经济起飞阶段，环境恶化是不可避免的。但随着经济的发展，在人均收入达到一定水平后，经济增长将有利于环境保护，环境退化不但可以得到遏制，还能逐步得以逆转。但这并不意味着要"先污染，后治理"，自然界的调节能力是有阈值的，如果环境破坏超出了这种生态阈值，则其损失是不可挽回的。如果未来较高的经济增长不足以抵消现在的环境损失，那么早期致力于污染控制和防止自然资源衰竭应该是更合理的方法之一。

(三) 环境保护途径的经济学分析

既然市场机制不能自动地解决环境问题，就需要采取一定的手段，对市场运行机制予以适当纠正。其核心问题是如何消除环境外部不经济性，实现环境外部成本的内部化，使生产者或消费者自己承担所产生的外部费用，即实行"污染者负担"或"污染者付费"。

目前较有影响的环境保护经济手段有两类，一是经济刺激，二是直接管制。经济刺激是利用价值规律的作用，采用限制性或鼓励性措施，促使污染者自行减少或消除污染的手段，如产品收费、排污收费、押金制、排污交易等；直接管制是政府根据法律、法规等，强行对外部性予以管理的方式。

第四节　环境管理的技术方法

环境规划与管理技术方法主要包括环境调查与评价、环境预测、环境功能区划和环境决策等方面的技术方法。本任务将着重介绍环境预测和环境决策的一些常用方法。

一、预测的技术方法

环境预测方法根据预测结果一般分为定性预测和定量预测，根据预测的内容又可以分为社会发展预测、经济发展预测、环境质量与污染预测等。

（一）定性预测方法

定性预测是预测者利用直观的材料，根据掌握的专业知识和丰富的实际经验，运用逻辑思维方法对未来环境变化做出定性的预计推断和环境交叉影响分析。定性预测常用的方法有头脑风暴法、特尔菲预测法和主观概率法等。这类技术方法以逻辑思维为基础，综合运用这些方法，对分析复杂、交叉和宏观问题十分有效。

1. 头脑风暴法

头脑风暴法是通过专家（微观智能结构）之间的信息交流，引起"思维共振"，产生组合效应，形成宏观智能结构，进行创造性思维的方法，也可称之为"思维共振法"，包括直接头脑风暴法和质疑头脑风暴法。

（1）直接头脑风暴法

它是根据一定的规则，通过共同讨论具体问题，集思广益，互相启发，发挥宏观智能结构的集体效应，进行创造性思维活动的一种由专家集体评估、预测的方法。

（2）质疑头脑风暴法

它是一种同时召开两个专家会议，集体产生设想的方法。第一个会议完成直接头脑风暴法的原则，而第二个会议则是对第一个会议提出的设想进行质疑。实践证明，头脑风暴法可以排除折中方案，对讨论的问题通过客观的连续分析，找到一组切实可行的方案。

2. 特尔菲预测法

特尔菲预测法即匿名调查征询法，是目前世界上组织专家预览使用最为广泛的一种定性预测方法。特尔菲法是以无记名方式，通过数轮函询，征求专家意见，并对每轮的专家意见进行汇总整理，作为参考资料再发给专家，供专家分析判断，进一步提出新的论证，并不断修正自己的见解。如此反复数次，专家意见渐趋一致，得到较为可靠的结论。使用特尔菲法时，必须坚持下面三条原则：

（1）不记名原则

为了克服参加会议的专家易受权威人士思想和见解束缚的弊端，特尔菲法采用不记名函询方式征求意见。应邀参加预测的专家互不了解，完全消除了心理因素的影响。

（2）反馈性原则

特尔菲法一般要经过三到四轮征询，每轮都将预测统计结果反馈给每位参加预测的专家，作为下一轮预测参考。

（3）预测结果的统计性原则

定量处理是特尔菲法的重要特点。为此，特尔菲法每一轮均采用统计方法处理预测结果。特尔菲预测法的主要优点是简明直观，避免了专家会议预测法的许多弊病，还不受地区和人员的限制，用途广泛，费用较低，且能引导思维。在资料不全或不多的领域中，有时只能使用这种方法。

特尔菲预测法的缺点主要是：预测结果受主观认识的制约，专家思维的局限性会影响预测的结果；在技术上仍不够成熟，如专家的选择没有明确的标准，预测结果的可靠性尚缺乏严格的科学分析。

（二）定量预测方法

定量预测是根据历史数据和资料，应用数理统计方法来预测事物的未来，或者利用事物发展的因果关系来预测事物的未来。常用方法有趋势外推法、回归分析法、指数曲线法、环境系统的数学模型法等。

此外，还有灰色系统预测法、系统动力学预测法、投入产出模型预测法以及模糊逻辑推理预测法等，都有专著详细论述，这里不再赘述。

二、决策的技术方法

环境规划与管理中比较常用的决策方法有环境费用-效益分析方法、数学规划方法和多目标决策分析方法等。

（一）环境费用-效益分析方法

费用—效益分析最初是作为国外评价公共事业部门投资的一种方法发展起来的，后来这种方法被引入环境领域，作为识别和度量各种项目方案或规划管理活动的经济效益和费用的系统方法，其基本任务就是分析计算规划与管理活动方案的费用和效益，然后通过比较评价，从中选择净效益最大的方案，提供决策。

1. 备选方案的费用-效益识别

为了识别备选方案的费用和效益，可进行如下步骤的研究和分析：

（1）明确目标

环境费用-效益分析的首要工作就是确定所要达到的目标。对于环境规划与管理来说，其总的意图无疑是保护环境，提高和改善现有环境质量，使其更好地为人类服务。但具体到各建设项目或环境规划与管理活动，因其所处地区、发展阶段、环境现状、存在的问题等不同，所要达到的目标也不同。只有明确了目标，才能找出现实环境中存在的问题及目标与现实之间的差距，并为备选方案的设计指明方向。

（2）提出问题

对于环境规划与管理来说，提出问题就是要弄清规划与管理方案中各项活动所涉及环境问题的内容、范围和时间尺度，从而为规划与管理方案的影响识别分析奠定基础。

（3）环境影响因子识别与筛选

环境影响因子是指因人类活动改变环境介质（即空气、水体或土壤等），从而使人体健康、人类福利、环境资源或区域、全球系统发生变化的物理、化学或生物的因素。这些影响因子在数量及空间分布和时间尺度上的变化决定了环境系统的功能。因此，对导致环境功能变化的影响因子进行识别，并筛选出主要因子，是环境影响分析的前提条件。

（4）备选方案的环境影响分析

在识别了主要的环境影响因子之后，就要确定这些影响因子的环境影响效果，即对环境功能或环境质量的损害，以及由于环境质量变化而导致的经济损失。

（5）价值货币化

为了使环境规划与管理方案的影响效果具有可比性，费用-效益分析方法采用了将方案的定量化损失、效益统一为货币形式的表达方式。从决策分析的角度看，环境费用-效益分析的货币化过程，实质上是将决策的多种目标统一为单一经济目标的过程。通常，在环境规划与管理方案的制订中，投资、运行费用以及相关经费构成费用-效益分析的费用计算内容，而方案的非经济效益（或损失），则需要借助货币化技术方法进行估计计算。

环境费用-效益分析的货币化通常分为环境费用评价的货币化方法和环境效益评价的货币化方法两类。

①环境费用评价方法

它是从环境质量得到治理或恢复所需要费用的角度来评价环境价值，这类方法主要有防护费用法、恢复费用法和影子工程法三种。防护费用法指从为消除或减少环境有害影响而承担的费用中获取环境质量的最低隐含价值的方法；恢复费用法是将因环境质量退化或环境污染而遭破坏的生产性资产恢复所需要的费用作为环境物质物品损失的最低经济价值；影子工程法是恢复费用法的一种特殊形式，是当某一环境被污染或破坏后，人工建造一个工程来替代原来的环境物品或劳务的功能，然后用建造该工程的费用来估计环境污染或破坏造成的经济损失。

②环境效益评价方法

它是把环境质量看作是一种人类所需要的物品和劳务，直接评价其产生的效益，主要包括市场价值或生产率法、替代市场法和调查评价法三种类型。

市场价值法是把环境价值看作是一个生产要素，利用环境质量的变化导致生产率和生产成本的变化，从而导致价格和产量的变化，以此来计量环境质量变化的经济效益。

当已有资源不能提供足够的市场价格、影子价格数据时，则不能使用市场法对环境影响进行货币化，此时可用替代市场法来衡量价格的高低，用替代的物品和劳务市场价格作为确定物品和劳务价值的依据。

当找不到环境质量对经济影响的实际数据，又找不到间接反映人们对环境质量评价的劳务和商品时，可采用调查评价法来了解消费者的支付意愿或他们对环境商品和劳务数量的选择愿望。环境物品的真正价值是人们的支付意愿，运用支付意愿法不仅能评估环境物品的使用价值，还可以评价其非使用价值，包括选择价值、遗传价值和存在价值等。

2. 对计算出的备选方案的费用和效益进行贴现

在利用费用-效益分析方法评价环境规划与管理方案的决策分析中，由于方案的实施往往是在一定时期内进行的，因而不同方案及其效益发生的时间不尽相同。为此，在费用-效益计算过程中，需要运用社会贴现率把不同时期的费用-效益化为同一水平年的货币值，通常转化为现值，以使整个时期的费用-效益具有可比性。

3. 备选方案的费用-效益评价及选择

进行方案费用—效益的比较评价，通常可采用经济净现值、经济内部收益率、经济净现值率和费效比等评价指标。

（1）经济净现值

经济净现值是反映方案对国民经济所做贡献的绝对指标。它是用社会贴现率将方案计算期内各年的净效益（等于效益减去费用）折算到建设起点（初期）的现值之和。

（2）经济内部收益率

经济内部收益率是反映方案对国民经济的贡献的相对指标。它是使得方案计算期内的经济净现值累计等于零时的贴现率。

（3）经济净现值率

经济净现值率是方案净现值与全部投资现值之比，即单位投资现值的净现值。它是反映单位投资对国民经济的净贡献度的指标。

（4）费效比

费效比是总费用与总效益现值之比。

（二）数学规划方法

目前，用于环境规划与管理中的数学规划方法主要有线性规划、非线性规划以及动态规划等。

1. 线性规划

线性规划是一种最基本也是最重要的最优化技术。从数学上说，线性规划问题可描述为：

①用一组未知变量表示某一规划方案，这组未知变量的一组定值代表一个具体的方案，而且通常要求这些未知变量的取值是非负的。

②每一个规划对象都有两个组成部分：一是目标函数，按照研究问题的不同，常常要求目标函数取最大或最小值；二是约束条件，它定义了一种求解范围，使问题的解必须在这一范围之内。这些约束条件均以未知量的线性等式或不等式约束来表示。

③每一个规划对象的目标函数和约束条件都是线性的。

所谓运用线性规划方法进行决策分析，就是对一规划对象，通过建立线性规划模型，即在各种相互关联的多个决策变量的线性约束条件下，选择实现线性目标函数最优的规划方案的过程。一般线性规划问题求解，最常用的算法是单纯形法，已有大量标准的计算机程序可供选用。此外，在一定条件下，也可采取对偶单纯形法、两阶段法进行线性规划的求解。对于某些具有特殊结构的线性规划问题，如运输问题，系数矩阵具有分块结构等问题，还存在一些专门的有效算法。

2. 非线性规划

一般地，非线性关系的复杂多样性，使得非线性规划问题求解要比线性规划问题求解困难得多，因而不像线性规划那样存在一普遍适用的求解算法。目前，除在特殊条件下可通过解析法进行非线性规划求解外，绝大部分非线性规划采用数值求解。数值法求解非线性规划的算法大体分为两类：一是采用逐步线性逼近的思想，即通过一系列非线性函数线性化的过程，利用线性规划方法获得非线性规划的近似最优解；二是采用直接搜索的思想，即根据非线性规划的一些可行解或非线性函数在局部范围的某些特性，确定一有规律的迭代程序，通过不断改进目标值的搜索计算，获得最优或满足需要的局部最优解。各种非线性规划求解算法各有所长，这需要根据具体非线性问题的数学特征选择使用。

3. 动态规划

动态规划方法是由美国数学家贝尔曼于20世纪50年代提出的用于解决多阶段决策问题的方法。所谓多阶段决策问题，是指一个决策问题包含若干个相互联系的阶段或子过程，决策者必须在每一个阶段都做出选择，以使整个决策过程最优地决策问题。

用动态规划方法求解多阶段决策问题，其理论依据是最优化原理或称贝尔曼优化原理。该原理可概括为：一个多阶段决策问题的最优决策序列，对其任一决策，无论过去的状态和决策如何，若以该决策导致的状态为起点，其后一系列决策必须构成最优决策序列。根据上述原理，动态规划方法遵循两个重要原则：一是递推关系原则，对一个多阶段决策系统而言，某一低阶段的状态是在优化的条件下向高一阶段延伸的，即每一阶段的决策都是以前一步的决策为前提；二是纳入原则，凡是可以用动态规划方法求解的问题，它的性质和特点不随过程级数多少的变化而变化。

运用动态规划方法解决多阶段决策问题的基本思路如下：

①把研究的问题按时间顺序分解成包含若干个决策阶段的决策序列，并对序列中的每一决策阶段分配一个或多个变量，构成该问题的一个策略。

②从整个过程的最后阶段开始，先考虑最后一阶段的优化问题，再考虑最后两个阶段的优化问题，接着考虑最后三个阶段的优化问题，如此下去，直至求出全过程的最优值。在这一过程中，每一步决策都以前一步的决策结果为依据。

③从整个过程的初始阶段开始，逐阶段确定与整个过程最优值相对应的每一阶段的决策，所有这样的决策组成的策略就是该问题的最优策略。

多阶段决策方法与一般决策方法存在着很大差别：

多阶段决策问题没有例行的统一求解方法，必须根据具体情况进行具体分析；

多阶段决策问题与时间有关系，各步决策之间存在着不可逆的时间顺序；

多阶段决策方法把决策问题看成是可以分配的资源，遵循按序分配法进行决策。

（三）多目标决策分析方法

1. 多目标决策分析的概念

所谓多目标决策问题，是指在一个决策问题中同时存在多个目标，每个目标都要求其最优值，并且各目标之间往往存在着冲突和矛盾的一类决策问题。

对于多目标规划与管理问题，其数学模型可表述如下：

$$\max(\min)Z = f(X)$$
$$\Phi(X) \leqslant G \tag{5-2}$$

式中，X ——策变量向量，$X = (x_1, x_2, \cdots, x_n)^T$；

Z —— K 维函数向量，K 是目标函数的个数 $Z = f(X)$；

$\Phi(X)$ —— m 维函数向量；

G —— m 维常数向量，m 是约束方程的个数。

所谓多目标决策分析就是基于上述概念，运用种种数学支持技术，根据所建立的多个目标，找出全部或部分非劣解，并设计一些程序识别决策者对目标函数的意愿偏好，从非劣解集中选择满意解。

各种多目标决策分析技术可按有限方案与无限方案分为两类。有限方案条件下的决策分析技术在实际问题中使用更为普遍。

2. 有限方案的多目标决策分析方法

目前，可供环境规划与管理选用的多目标决策分析方法很多，但在实践中，最可行的多目标决策分析仍是基于一组目标对若干待定方案进行评价比较的形式。这不仅易于体现环境规划与管理多目标分析的逻辑过程，而且易于适应环境规划与管理决策问题的非程序化特征。下面介绍这类决策分析形式的两种基本方法：矩阵法和层次分析法。

（1）矩阵法

矩阵法是处理有限方案多目标问题最简单而直观的评价方法。设一决策问题，x_1，x_2，$\cdots$，x_n 是该决策问题的 n 个目标（属性）；W_1，W_2，$\cdots$，W_n 是 n 个目标的相对重要性评价值，即权重系数；A_1，A_2，$\cdots$，A_m 是满足 n 个目标要求的 m 个可行方案，在此基础上可建立评价矩阵。

决策矩阵中，V_{ij} 代表方案 A_i 对目标 x_j 的实现程度，即该方案在目标 x_j 下的属性值，V_i 为方案 A_i 在目标属性下的综合评价结果。运用矩阵法进行多目标的方案评价筛选，主要包括三个基本内容：

① V_{ij} 的确定

所谓 V_{ij} 的确定是对备选方案在给定目标下的贡献作用或实现程度进行评价。一般 V_{ij} 的确定分为两种情况：一是通过直接计算或估计得出相应的定量属性值，如方案的投资费用、水质效果等；二是通过建立分级定性指标，经判断得出属性值。

通常情况下需要把不同量纲、不同数量级的属性值无量纲化，一般是统一变换到（0，1）范围内。常用的规范化方法有向量规范化法和线性变换法。

② W_j 的确定

在多目标决策问题中，不同目标间的相对重要性或偏好一般可通过权重系数来反映。权重系数是多目标决策问题中价值观念的集中体现，它的确定直接影响到规划与管理方案的选择。在某种程度上说，多目标决策分析的关键就在于权重系数的确定。确定权重系数大体可分为非交互式和交互式两类方式。非交互式是指在获得决策分析前通过分析人员与决策者等有关人员的协调对话，先获得一组权重值分布，然后据此进行方案选择。交互式则指在决策分析过程中，通过决策分析人员与决策者等不断交流对话，在获得决策方案的同时确定权重系数值的做法，无论何种方式，常见的具体确定权重系数的方法主要有专家法或特尔菲法、特征向量法、平方和法等。这些方法从总体来看侧重于对所收集信息的处理计算。它要在对问题目标重要性两两排序调查的基础上，对这种两两比较的结果进行处理。具体计算的思路类似于下面的层次分析法。实际上，层次分析法本身就可用来确定权重系数。

③ V_i 的确定

V_i 表达了任一备选方案在多个目标下的综合评价结果，通过 V_i 的确定即可对备选方案进行选择决策。V_i 的确定主要是根据每一方案对全部目标的贡献（属性值 V_{ij}）和各目标间的相对重要性（W_j）构造或选择相应的算法，求得 V_i。最简单的算法是加和加权法，其计算过程的一般形式为：

$$V_i = \sum_j^n W_j Z_{ij} \tag{5-3}$$

式中，W_j——目标 j 权重系数；

Z_{ij}——方案 i 在目标 j 下的属性规范值，这里 Z_{ij} 的计算需和 V_i 的排序规则相匹配。

（2）层次分析法

层次分析法（AHP）是 20 世纪 70 年代由美国学者萨蒂最早提出的一种多目标评价决策法。它本质上是一种决策思维方式，基本思想是把复杂的问题分解成若干层次和若干要素，在各要素间简单地进行比较、判断和计算，以获得不同要素和不同备选方案的权重。应用层次分析法的步骤如下：

①建立多级递阶结构

用层次分析法分析的系统，其多级递阶结构一般可以分成三层，即目标层、准则层和方案层。目标层为解决问题的目的，是想达到的目标；准则层为针对目标评价各方案所考虑的各个子目标（因素或准则），可以逐层细分；方案层即是解决问题的方案。

层次结构往往用结构图形式表示，图上标明上一层次与下一层次元素之间的联系。如果上一层的每一要素与下一层次所有要素均有联系，称为完全相关结构。如上一层每一要素都有各自独立的、完全不相同的下层要素，称为完全独立性结构。也有由上述两种结构结合的混合结构。

②建立判断矩阵

判断矩阵是层次分析法的基本信息，也是计算各要素权重的重要依据。

设对于准则 C，其下一层有 n 个要素 A_1，A_2，$\cdots$，A_n，以上一层的要素 C 作为判断准则，对下一层的 n 个要素进行两两比较来确定矩阵的元素值。

元素 a_{ij}，表示以判断准则 C 的角度考虑要素 A_i 对 A_j 的相对重要程度。假设在准则 C 下要素 A_1，A_2，$\cdots$，A_n 的权分重别为 w_1，w_1，$\cdots w_n$，即 $W = (w_1, w_2, \cdots, w_n)^T$，则 a_{ij}

$= \dfrac{w_i}{w_j}$。矩阵 A 为判断矩阵：

$$A = \begin{bmatrix} a_{11} & a_{12} & \cdots & a_{1n} \\ a_{21} & a_{22} & \cdots & a_{2n} \\ \vdots & \vdots & & \vdots \\ a_{n1} & a_{n2} & \cdots & a_{nn} \end{bmatrix} \tag{5-4}$$

③相对重要度及判断矩阵的最大特征值 $\lambda_{\max}$ 的计算

在应用层次分析法进行系统评价和决策时，需要知道 A_i 关于 C 的相对重要度，也就是 A_i 关于 C 的权重。我们的问题归结如下，已知

$$A = (a_{ij})_{n \times n} = |w_i|w_j|_{n \times n} = \begin{bmatrix} w_1/w_1 & w_1/w_2 & \cdots & w_1/w_n \\ w_2/w_1 & w_2/w_2 & \cdots & w_2/w_n \\ \vdots & \vdots & \vdots & \vdots \\ w_n/w_1 & w_n/w_2 & \cdots & w_n/w_n \end{bmatrix} \tag{5-5}$$

求 $W = (w_1,\ w_2,\ \cdots,\ w_n)^T$。由

$$\begin{bmatrix} w_1/w_1 & w_1/w_2 & \cdots & w_1/w_n \\ w_2/w_1 & w_2/w_2 & \cdots & w_2/w_n \\ \vdots & \vdots & \vdots & \vdots \\ w_n/w_1 & w_n/w_2 & \cdots & w_n/w_n \end{bmatrix} \begin{bmatrix} w_1 \\ w_2 \\ \vdots \\ w_n \end{bmatrix} = n \begin{bmatrix} w_1 \\ w_2 \\ \vdots \\ w_n \end{bmatrix} \tag{5-6}$$

知 W 是矩阵 A 的特征值为 n 的特征向量。

由于判断矩阵 A 的最大特征值所对应的特征向量即为 W，为此，可以先求出判断矩阵的最大特征值所对应的特征向量，再经过归一化处理，即可求出 A_i 关于 C 的相对重要度。

④相容性判断

由于判断矩阵的三个性质中的前两个容易被满足，第三个"一致性"则不易保证，如所建立的判断矩阵有偏差，则称为不相容判断矩阵，这时就有

$$A'W' = \lambda_{\max} W' \tag{5-7}$$

若矩阵 A 完全相容，则有 $\lambda_{\max} = n$，否则 $\lambda_{\max} > n$。这就提示我们可以用 $\lambda_{\max} - n$ 的大小来度量相容的程度，度量相容性的指标为 $C.I.$（Consistence Index），且

$$C.\ I. = \dfrac{\lambda_{\max} - n}{n - 1} \tag{5-8}$$

一般情况下，若 $C.\ I. \leqslant 0.10$，就可以判断矩阵 A' 有相容性，据此计算的 W' 是可以接受的，否则重新进行两两比较判断。

第六章　环境管理实践与发展趋势

第一节　城市环境管理实践

一、原则

城市环境管理由三个要素组成，即城市、环境和管理。

第一个要素是城市。城市意味着人类活动的密度大，城市就其规模可以从小城镇到千万人口的特大城市，准确地规定一个城市的规模是没有意义的，但是，正如我们在前面提到的，城市和其周边环境密切相关，因此，城市和周围的环境是研究的一个主要课题。

第二个要素是环境。我们可以把环境定义为"社会的物质—生物和生物—氛围"，我们还讨论了环境科学的其他要素。在前面讨论的基础上，一方面，我们要考虑城市的环境；另一方面，我们还得考虑在一个大的生态系统中的城市的功能。虽然城市环境管理主要考虑的是城市的物质环境，但为了实现可持续发展，我们还要考虑经济环境和社会环境，这就表明，城市可持续发展面临多学科的挑战：我们需要和其他科学家通力合作，如城市经济学家、城市社会学家等。

第三个要素是管理。这就意味着政策的开发和实施。首先，我们应该考虑做什么。在这点上，我们可以将城市环境管理的基本目标定为提高生活条件的质量，包括人类健康、生活环境和福利等，或者把城市环境管理的目标定义为支持和鼓励城市可持续发展。事实上，实现这一目标的特定政策和措施在很大程度上取决于当地的条件和当地的决策者。城市环境管理者的职责是帮助确定问题，提出可供选择的政策方案以及制定可能的解决问题的措施。因此，城市环境管理的一个重要的内容就是如何去做，或者帮助当地行为者分析、决策和合作：参与式决策和实施。因此，城市环境管理者是一个过程管理者，有许多工具可以帮助城市环境管理者实现这一过程管理，如地方 21 世纪议程、环境规划与管理、战略环境评价、环境影响评价、条约、公私伙伴（PPP）、环境法律、通信技术、财政措施、国际标准化组织（ISO）、标准、生态标签等。

城市环境管理的对象——城市及其他的环境是非常复杂的，在这一领域的问题非常多，但应该相信，城市环境是可以管理的，有很多方式和方法可以正面影响城市环境。

作为一个专业领域，城市环境管理还刚刚起步，作为一门学科，其理论和方法还很不成熟，但发展较快。正如我们以前提到的，城市环境管理是城市管理的一部分，它是一个多学科的领域，由于其研究的复杂性，其广度比深度更为重要。这就是说，城市环境管理者应该具备多门学科的基础知识，以有利于和多学科的专家交流，如生态学家、卫生工程师、建筑师、环境法律专家，以及城市财政人员等，并知道什么时候、什么样的专家应该介入城市环境管理。

正如我们以前提到的，地方政府是城市环境管理的主要负责人，然而，地区和中央政府在地方环境管理中也起着非常重要的作用。城市环境管理的另外一个责任者是私有企业，他们对地方政府的影响越来越大，同样，城市公用事业部门、社区组织以及居民、非政府组织、大学、媒体等也起着十分重要的作用，城市环境管理的任务就是让所有这些机构和个人积极参与到城市可持续发展之中。

二、城市环境管理方法

无论是城市环境问题的致因分析还是城市可持续发展能力辨识，其结论都与城市社会经济活动方式及效果息息相关。可以说，这种城市社会经济活动是具有双面性的，一方面，不正确的活动方式或过度的活动规模都将引起严重的生态环境危机，从而产生各种类型的城市问题；另一方面，有秩序的、在一定约束条件下的活动又是形成或保障城市可持续发展能力，并最终用于完成城市社会经济环境协调发展的主要动力来源。因此，最大限度地优化城市社会经济活动，或者说正确管理城市人类活动，是实现城市可持续发展的有效途径，而这都需要通过有针对性并且有效率的城市环境管理方法来实现。

（一）环境管理的经济方法

美国的布兰德把环境管理的经济方法定义为为改善环境而向污染者自发的和非强迫的行为提供金钱刺激的方法。一般来说，环境管理的经济方法是指管理者依据国家的环境经济政策和环境法规，运用价格、成本、利润、信贷、税收、收费和罚款等经济杠杆来调节各方面的利益关系，规范人们的宏观经济行为，培育环保市场，以实现环境和经济协调发展的方法，主要包括庇古手段和科斯手段。庇古（Arthur Cecil Pigou）是英国著名经济学家，是剑桥学派的主要代表之一，被认为是剑桥学派领袖马歇尔的继承人。《福利经济学》是庇古最著名的代表作。该书是西方资产阶级经济学中影响较大的著作之一。它将资产阶级福利经济学系统化，标志着其完整理论体系的建立。它对福利经济学的解释一直被视为经典性的，庇古也因此被称为"福利经济学之父"。在 1950 年出版的《福利经济学》中，庇古先生提出了"庇古税方案"，提倡对有正外部性的活动给予补贴。庇古因"庇古税"享誉后世。外部性问题在科斯看来，却是个交易费用问题。科斯认为，与某一特定活动相连的外部效应的存在并不必然要求政府以税收和补贴形式进行干预。借助于政府其他形式的帮助，受到影响的有关方面之间就能够也曾经设计出对外部性情形的帕累托最优解决办法，而且这一结果的性质是独立于最初产权安排的。科斯本人并没有陈述和证明任何定理，只是以例子来阐述其论点，后来的经济学家将其论文的主要结论称之为科斯定理，这一定理可表述如下：在不存在交易成本和谈判成本的条件下，受外部性影响的各方将会就资源配置达成一致意见，使这种资源配置既是帕累托最优的，又独立于任何事先的产权安排。科斯定理说明了庇古观点的片面与错误，它认为要解决外部性问题无须政府的干涉。科斯定理简单说来就是：只要财产权是明晰的，并且交易成本很小甚至为零，则无论在开始时将财产权赋予何人，市场最终的均衡结果都是有效的。如果采用准确的语言来描述科斯定理，可以这样来描述：在当事人的偏好都为准线性时，如果市场中出现了外部性效应，则讨价还价的过程会产生一个有效的结果，而且该结果与所有权具体归属于哪一个当事人无关。科斯定理告诉我们，解决经济外部性并不需要通过政府征税的方法将造成负外部性的当事人部分收入转移给受到损害的当事人。科斯定理的解决方法是当事人以资源谈判与交易的方式来解决外部性问题，这样，在产权清晰的条件下，就可以将外部性问题内部化。

经济方法的优越性主要表现在以下几方面：

①经济方法可以通过允许污染者自己决定采用最合适的方法来达到规定的标准，或使其保护环境的边际成本等于排污收费水平，从而产生显著的成本节约。

②经济方法可以为有关当事人提供持续的刺激作用，使污染减少到所规定的标准之下。同时，通过资助研究与开发活动，经济方法还可以促进新的污染控制技术、低污染的生产工艺以及新的低污染和无污染的产品开发等。

③经济方法可以为政府和污染者提供管理上和政策执行上的灵活性。对政府机构来说，修改和调整一种收费总比修改一项法律或规章制度更加容易和快捷；对于污染者来说，可以根据有关的收费情况进行相应的预算，在此基础上做出相应的行为选择。

④经济方法可以为政府提供一定的财政收入，这些收入既可以直接用于环境和资源保护，也可以纳入政府的一般财政预算中。

（二）环境管理的非经济方法

非经济方法相对于经济方法而言，没有利用价值规律的调节作用，而是政府部门以法规条例或行政命令的形式直接或间接限制污染物排放，或通过运用技术和加强宣传教育达到改善环境的目的。

1. 管制方法

（1）法律手段

环境管理法律手段是指管理者代表国家和政府，依据国家环境法律法规所赋予的权力，并受国家强制力保证实施的对人们的行为进行管理以保护环境的方法。法律手段是环境管理的一种基本方法，是其他方法的保障和支撑。环境法因各个国家的国情不同而各具特色，但就各国环境法的目的、任务和功能来看，具有相似性，即都兼顾社会、环境、经济效益等多个目标，强调在保护和改善环境资源的基础上，保护人体健康和保障社会经济的可持续发展。目前，我国已形成了由国家宪法、环境保护法、环境保护单行法和环境保护相关法等法律法规组成的环境保护法律体系。国际的环境立法也在不断增强。

（2）行政手段

环境管理行政方法是指在国家法律监督之下，各级环保行政管理机构运用国家和地方政府授予的行政权限开展环境管理的方法，主要包括环境管理部门定期或不定期地向同级政府机关报告本地区的环保工作情况，对贯彻国家有关环保方针、政策提出具体意见和建议；组织制定国家和地方的环境保护政策、环境规划和工作计划；运用行政权力对某些区域采取特定措施，如划为自然保护区、重点污染防治区、环境保护特区等；对一些污染严重的企业要求限期治理，甚至勒令其关、停、并、转、迁；对易产生污染的工程设施和项目采取行政制约，如审批开发、建设项目的环境影响评价报告书，审批新建、扩建、改建项目的"三同时"设计方案，审批有毒化学品的生产、进口和使用，管理珍稀动植物物种及其产品的出口、贸易事宜；等等。

管制型方法在环境管理中起着重要的保障和支持作用，国内外都很重视其应用。各国通过制定和执行法律法规、部门规章制度、行政命令、环境标准等方法来达到保护环境的目的。

2. 其他方法

（1）技术手段

环境管理技术方法是指管理者为实现环境保护目标所采取的各种技术措施，主要包括环境预测、环境评价、环境决策分析等宏观管理技术和环境工程、污染预测、环境监测等微观管理技术。制定环境质量标准和环境政策、组织开展环境影响评价、编写环境质量报告书、总结推广防治污染的先进经验、开展国际交流合作等，都涉及很多科学技术问题，没有先进的科学技术，不仅发现不了环境问题，即使发现了也难以控制环境污染。

（2）宣教手段

环境宣传教育方法指开展各种形式的环境保护宣传教育，以增强人们的自我环境保护意识和环境保护专业知识的方法。通过广播、电视、电影及各种文化形式广泛宣传，使公众了解环境保护的重要意义，激发他们保护环境的热情和积极性，把保护环境、保护大自然变成自觉行动，形成强大的社会舆论和激发公众参与的氛围。具体说，环境教育又包括专业环境教育、基础环境教育、公众环境教育和成人环境教育。在经济发达国家，这四种环境教育的优先顺序为：公众环境教育、基础环境教育、成人环境教育、专业环境教育；而在中国这样经济相对落后的发展中国家，专业环境教育排在首位，其他三种则相对靠后。

（3）信息手段

环境管理的信息手段主要是以环境信息公开的方式实现的。环境信息公开指通过社区和公众的舆论，使环境行为主体产生改善其环境行为的压力，从而达到环境保护的目的。环境信息公开能够有效地加强环境管理的公众参与和监督，促进政府重视环境质量的改善，促使污染者加强污染防治，改善其环境行为。

根据公开的媒体不同，可将环境信息公开分为报纸、广播、电视、网站公开等；根据公开的内容不同，可将环境信息公开分为环境质量公开、环境行为公开等；根据公开的对象不同，可将环境信息公开分为政府环境信息公开和企业环境信息公开等。企业环境信息公开，有利于环境行为良好的企业在公众中树立良好的形象，获得社会的赞誉和市场的回报；而对环境行为差的企业，就会形成一种强大的压力，从而迫使企业加强环境管理，提高污染治理水平，改善环境行为。

许多环境管理制度的有效实施与信息是否公开密切相关。因此，除了继续加强企业环境信息公开外，还可以把信息公开应用到各种环境管理制度中，如环境影响评价制度、排污申报登记制度、城市环境综合整治定量考核制度、环境污染限期治理制度、环境保护现场检查制度、环境污染及破坏事故报告制度、环境保护举报制度、环境监理政务公开制度、环境标志制度中的信息公开。

三、欧盟的城市交通环境管理

（一）欧盟国家交通系统的环境表现

城市空气质量显著改善的原因是交通系统污染物排放的减少。交通系统的温室气体排放主要来自道路和航空交通的二氧化碳（二氧化碳），不断增长的温室气体排放使欧盟能否达到《京都议定书》规定的目标蒙上了阴影。20世纪末期，科学技术已经成功地把交通系统酸化物质以及对流层臭氧前体物质排放分别降低了 20% 和 25%。

特定空气污染物排放减少的另一个重要原因为燃料组合的改进。

根据推定，现有的和已通过审议的政策和措施的实施使 1990 年至 2010 年间的道路交通氮氧化物（NO_x）排放降低 66%，挥发有机化合物（VOC）排放降低 77%。

但是，道路交通仍然排放超过一半的对流层臭氧前体物以及超过 20% 的酸化物质，这需要所有部门进一步降低排放，以达到欧洲委员会 1999 国家排放限制指令性提案的要求。

（二）汽车废弃物回收利用

寿命终止汽车（EOLV）的数量继续上升，但是相关数据并不准确，也不符合实际。欧盟有关填埋法规定，从 2006 年 7 月开始禁止填埋粉碎轮胎。大量轮胎填埋地下可能引起填埋场所地表凸起，影响未来对该土地的再利用。此指令以及废弃物燃烧排放指令导致对新建报废轮胎处理和回收利用设施的投资大大增加，应利用此类设施的有关信息，对其与其他处理方式的有效性进行比较。

这里列出的废弃物指标并不完整，并未反映其他运输形式产生的废弃物情况，以及车辆和基础设施生产、建设，以及运营过程产生的废弃物情况，需要进行更多的理论研究和数据收集工作。

（三）综合运输系统管理

大多数有关交通基础设施的决定是针对交通瓶颈问题而做出的，这种反应式的研究方法对道路设施的发展有利。

跨欧洲运输系统（TEN）的发展致力于提高跨种类水平，以及混合（高速）铁路和内河航运的发展。但是，TEN 的投资仍然偏向于道路建设。鼓励自行车和公共交通的城市，以及更远距离高速铁路的发展，都向我们展示着美好的前景。

用于推进城市水平的替代交通模式发展的投资仍然徘徊在低水平，但是出现了一些有利因素：欧盟国家在城市铁路上的投资保持在较高程度，同时越来越多的人开始注意自行车道和公共交通的发展。例如，意大利留出国家预算的很大一部分，以推动自行车道的建设；德国交通部用在与国道平行的自行车道上的建设投资也不断增长。

欧盟正在努力改善用于大型基础设施项目发展尤其是 TEN 发展的投资模式。TEN 总投资的 60% 用于铁路发展，30% 用于公路发展，大部分铁路投资将用于高速铁路建设。但是，欧盟和国际银行的投资并没有反映实际交通形式的份额。

（四）收费和税收政策

收费和税收是促进交通行业外部费用国际化的基本（但非唯一）政策工具。多数成员国都在考虑调整交通税收和收费结构，将其与外部成本区分开来，但是还没有确认最为有效的税收和收费水平。

目前，内部化措施主要集中在公路空气污染和航空噪声污染上。几乎没有采取任何措施把交通阻塞成本内部化（某些航空和铁路收费以及某些城市停车费属于例外）。在大多数城市地区，外部成本的内部化仍然非常不完善。

欧盟的有关数据显示，汽车交通价格的提高比铁路和公共交通慢。在过去几十年，荷兰所有形式的公路货运交通的价格变得越来越低，卡车交通以其快速以及运输货物时的灵活性而获得了很大的市场份额。

虽然大多数欧盟成员国都在建立国际化解决途径，但其实施仍旧面临障碍。国际化实施面临许多障碍，外部边际成本的估算也非常复杂。国际研究给出了不同的估算结果，这部分采用了不同的估算方法及估价工具。任何致力于把运输价格提高到社会边际成本的政策工具都应具有足够的灵活性，以符合地域、时间和车辆性能方面的差异。

最后，政府可能会有其他经济和社会目标，在某些情况下，这些目标可能并不有利于国际化原则的全面和一致履行。例如，在某些情况下，把运输价格定为与社会边际成本相同（可能更高）将导致移动性很低的低收入群体和个人沉重的负担。

为制定合理的价格，可以使用几个调整工具，如燃料税、里程收费制度、停车费和车辆税。此外，也可采用与环境有关的补贴（以推进清洁技术的发展）以及可交易污染许可证（这方面的实际应用还很少）。一般认为，把固定税收和费用（如年度车辆税或公路年度使用税）转为可变税收和费用（如过路费、燃料税、公路里程收费）是最为有效的推进环保工作的方法。

许多国家业已采用了差异性税收制度。差异性税收主要出现在公路交通和航空交通领域，用于对空气污染和噪声的控制。例如，低硫燃料的低税率，随不同车辆类型（如与排放标准的符合程度）而缴纳不同的车辆购置税，以及机场的噪声附加费。二氧化碳排放税和交通阻塞费则很少出现。

当前燃料价格的走势并不鼓励节省燃料的驾驶方式，但是差异性税收将推动清洁燃料的使用。

所有欧盟成员国均实行了交通燃料货物税。由于燃料消费和二氧化碳排放之间存在直接关系，货物税将促进二氧化碳排放外部成本的国际化进程。但是，货物税不能进行差异性调整，以反映不同车辆类型或使用特点（例如，车辆排放级别，城市、乡村和高峰时间非高峰时间行驶）。

但是，燃料税能够进行差异性调整，以促进清洁燃料，如无铅汽油或低硫柴油的发展。这一举措将帮助减少一氧化氮、可吸入颗粒物（PM_{10}）、二氧化碳的排放。

第二节　农村环境管理实践

农业和农村经济发展中生态环境问题日益突出，使农业和农村经济可持续发展受到严重影响。农村生态环境出现的问题，是人类的生产和生活活动作用于农村生态环境，在渐进的过程中农村生态环境受到破坏、污染，反过来影响人类生产和生活的问题。我国正处于经济快速增长时期，提高农村社会生产力和广大农村人民生活水平是当前的头等大事。同时，我们又面临着相当大的问题和困难，如人口多、人均占有资源不足，资源利用率低，粗放生产经营，不合理利用自然资源以及资源浪费，生态破坏和环境污染，给农村经济和农业发展带来了巨大的压力。

德国政府与企业在环境保护方面实施的是一种协商合作机制，这既是一种管理中的决策机制，也是一种实施过程中的争端解决机制。

德国政府为环境管理决策利益相关方参与政府决策提供保障，为企业、公众、环保非政府组织等利害相关主体提供争取自身合法权益、了解德国政府意图的机会和渠道，也使多元主体在信息相对对称条件下的合作博弈成为可能，以实现多方利益的平衡。

德国所有的企业都倡导推行高于环境底线的轻微绿色，尤其是对生产人们日常生活资料的企业。例如，在德国的超市中，人们倾向于购买容易回收的商品，这必然要求供应商进行绿色生产，以带动整个产业链的绿色化。将环境保护纳入企业发展是企业主环境管理的最高层次，当它开展环保创新时会大幅度降低投资者的底线。同时，德国政府对采取环保技术措施的企业提供资金、技术、财税等方面的扶持，一方面缓解了成本压力，另一方面还提高了产品的综合质量，获得了更高的社会满意度，使企业无形中提升了自己的竞争力，抬高了行业门槛。

从德国的治理经验可以看出，基于强制性特征以及命令和控制为手段只能对环境保护的末端治理发挥作用，其主要目标在于降低企业排污量；而基于信任与自愿的伙伴治理机制则主张以采取激励性措施为主，引导企业开展预防性环境管理。在企业中落实环境管理制度，强化企业生产过程中的环境管理责任，为政府与企业环境伙伴治理提供制度保障。在环境科学和管理工程的理论基础上，运用行政、法律、经济、技术和教育等手段，限制损害环境质量的生产行为。企业的环境管理，是 21 世纪企业管理工作中的必要组成部分，渗透在企业的各项管理活动之中，最核心的包括环境规划、环境技术体系和环境管理体系等几方面，我国要加快出台推动企业自主实施环境管理的相关财税金融政策和法律、法规，通过将环境成本转化为企业生产成本，推动企业进行创新，引导企业扩大竞争优势。

为此要将约束性措施变为激励、约束相融的措施，政府为自愿参加环境保护的企业提供环保补贴、优惠税率等刺激性措施，充分利用各种手段鼓励企业加入政府主导的环保体系中。

下面以北京市农村生活垃圾的处理方式为例，进行概述。

一、垃圾分类

垃圾分类是生活垃圾减量化、资源化利用的基础，可以说势在必行。郊区的生活垃圾处置体系应该将生活垃圾严格分类，在此基础上，厨余垃圾的主要处理途径是堆肥、制作饲料；可回收垃圾主要由规范的再生资源回收网络体系进行回收利用；其他垃圾主要的处理途径是可燃部分焚烧发电，不可燃部分卫生填埋；有害垃圾主要的处理途径是安全填埋、焚烧。以焚烧厂为例，由于去除有机垃圾后的部分热值较高，焚烧发电能够产生较高的效益，能够减少此前的预处理成本，所以可以用能够接受的成本进行高水平的处理。显然，这样的技术路径会较有效率。

北京市农村地区也要建立生活垃圾分类投放、分类收集、分类运输、分类处理全过程管理体系。区县要结合实际成立相应机构，负责本区县垃圾减量、垃圾分类指导员队伍的组建和管理。乡镇要成立相应机构，负责垃圾减量、垃圾分类指导员队伍培训和管理等具体工作。社区居委会负责各有关试点小区内垃圾减量、垃圾分类指导员队伍日常管理工作。

二、堆肥和沼气

农村生活垃圾的就地消纳必须充分运用堆肥和沼气这两类实用技术，这也是垃圾就地处理、减量化的主要途径。在农村地区，建一个6~8立方米的沼气池，每天投入相当于4头猪的粪便发酵，所产生的沼气能解决4口人的家庭点灯、做饭等能源问题；每年可替代600~650千克的标准煤，提供农户70%~80%的生活能源。因此，沼气作为农村开发的核心工程技术，对促进农村经济和环境的双赢具有重要的意义。

目前我国常用的堆肥技术为两类：一是简易高温堆肥技术，其规模较小，机械化程度低，投资与运行费用低；二是机械化高温堆肥技术，其规模较大，采用间歇式动态好氧发酵工艺，有较齐全的环保措施。从20世纪80年代初到90年代中期，我国许多城市都建有此类堆肥厂，但由于堆肥很难找到好的出路，目前都已关闭。与其他肥料相比，堆肥的主要缺点是肥效较低，体积大，运输和施用成本较高。

但是，这并不意味着堆肥作为一种垃圾处置方式已没有了前途，堆肥处理厂的失败不在于技术，而在于指导思想和经济机制的不当。①堆肥的首要目的是生活垃圾处置，而不是生产一种可供销售的商品。②不能要求堆肥厂赢利，它的主要产品不是堆肥，而是向全社会提供消纳垃圾的服务。③应该提倡实用技术，而不是耗资大的技术。

根据这些原则，推广堆肥的首要条件是建立转移支付制度，也就是说，如果堆肥厂消纳一定数量的垃圾，财政上应该按垃圾平均处置成本对堆肥场进行补贴。只有在这一制度下，堆肥和其他技术才能获得生存下去的动力。另外，堆肥的出路不应该寄希望于农民的购买，而是政府的购买。具体来说，堆肥应该施用于公共绿地、社区和小区绿地、单位绿地。

三、押金返还制

押金返还制简称押金制，它主要是针对产品消费后的废弃物而言的，可以是一些包装容器废弃物，如饮料瓶；也可以是废弃的产品，如汽车。除了包装容器废弃物外，废旧电池、汽车轮胎等押金制度也有研究和应用，玻璃瓶是押金返还制应用最多的一个种类。从经济原理上分析，押金如同预先支付垃圾处理收费，可以弥补垃圾不适当处理所造成的环境费用。押金系统的独特之处在于返还，它可以引导对垃圾的适当处理，防止环境损害的发生。从整个过程看，押金制有效地作用于潜在的污染者，而不仅仅惩罚真正的污染者，使用返还金可以奖励适当的行为。因此，押金制被认为是极为有效的防治污染的手段。在垃圾管理领域，对减量化和资源化有重要作用。

押金返还制系统有两个目的：最初的押金反映了处理成本，即不适当处理可能产生的潜在损害，起到了一种良好的抑制消费的作用；交还产品后返还的押金，刺激消费者归还可再利用的产品，鼓励物质的再使用或循环利用，或者鼓励返还产品以安全处理，避免环境损害。押金或者相当于押金的预付处理费，可以在购买时向消费者征收或者在生产时向生产者征收；返还金或者相当于返还金的回收补贴可以支付给完成回收任务的消费者或者购进回收材料的生产者。

押金返还制的首要作用是促进重新使用和回收再利用，通过返还金的刺激，引导回收行为，从而降低了原生材料的使用量，减少垃圾的处理数量。与一般收集系统的回收率相比，押金返还制要高。押金返还制的第二个突出作用在于源削减。由于押金的存在，使产品售出时价格提高了，这会影响购买者的选择，限制对该产品的消费，起到源削减的作用。

四、源削减

源削减（Source Reduction）作为一项重要的垃圾减量化管理政策，正在日益受到重视。简单来说，源削减是指在垃圾形成之前采取各种措施减少垃圾的产生量。具体而言，生产者在设计、制造、销售产品或提供服务时，以及消费者在购买、消费商品和服务时，因考虑到环境因素而选择产生垃圾最少或产生的垃圾对环境危害较小的商品和服务，从而在垃圾产生源头减少垃圾的产生量。

源削减的途径主要是产品再设计、延长产品的寿命、产品与包装物的重复使用。产品再设计是一项直接针对生产者的最前端的源削减措施。通过改变产品及包装物的设计进行源削减，可以降低材料及能耗，从而减少废物。再设计对减少材料的使用量及最终废物量有相当大的作用。例如，为达到源削减的目的，采用的设计方法包括：通过材料替代使产品或包装变轻（如用塑料及铝等轻质材料替代玻璃与钢），这种替代也包括使用柔性包装代替脆性包装、产品或包装通过再设计减少重量或体积、以无毒材料替代产品或包装中的有毒物质等。

延长产品的寿命，推迟产品进入城市垃圾流的时间，也相当于垃圾产生量的减少，是源削减的重要途径之一。无论是生产者还是消费者，各自都承担了延长产品寿命的部分责任。从生产者的角度而言，生产者可以将产品设计得使用期更长或更易于修理，新产品的升级换代更多的是通过增加功能性服务实现，而不是物质产品的频繁替换，这反映了循环经济中的功能导向的特点。从消费者的角度而言，树立简约的生活习惯，做到物尽其用，延长其使用寿命，同时减少一次性商品的消费，都是对垃圾减量做出的贡献。

与延长产品寿命类似，产品或包装的重复使用，推迟了它们最终必然作为垃圾而被丢弃的时间，因为产品被重复使用时，相当于推迟了新产品的购置与使用。各种家用电器、家具等耐用物品的重复使用是非常普遍的。随着农村居民生活水平的提高，许多家庭存有许多潜在的废弃用品，虽然还没有被废弃，尚未构成垃圾，但闲置于家中，成为潜在的垃圾源。这时需要建立和发展旧货市场，使这些废旧物品在旧货市场上流通，充分发挥其作用。

第三节　生态文明建设系统下的环境管理发展趋势

生态文明建设是中国特色社会主义事业的重要内容，关系人民福祉，关乎民族未来，事关"两个一百年"奋斗目标和中华民族伟大复兴的中国梦的实现。党中央、国务院高度重视生态文明建设，先后出台了一系列重大决策部署，推动生态文明建设取得了重大进展和积极成效。但总体上看，我国生态文明建设水平仍滞后于经济社会发展，资源约束趋紧，环境污染严重，生态系统退化，发展与人口资源环境之间的矛盾日益突出，已成为经济社会可持续发展的重大瓶颈。良好的生态环境是最公平的公共产品，是最普惠的民生福祉。加强生态文明建设、加强生态环境保护既是重大的经济问题，也是重大的社会和政治问题。

一、社会经济系统的绿色发展是生态文明的必然要求

生态文明建设的五个体系——生态文化体系、生态经济体系、生态文明目标责任体系、生态文明制度体系和生态文明生态安全体系，是生态文明的主干体系，其中生态文明经济体系是以围绕产业生态化和生态产业化为主体展开。生态文明建设下的经济体系是一个高质量发展的经济体系，产业生态化意味着国民经济发展中的众多产业不断减少外部不经济性影响，逐渐实现产业的绿色化和生态化；而生态产业化意味着伴随着社会经济发展的转型和社会经济结构的变化，许多新兴的绿色产业应运而生。这些产业更有利于经济系统与自然系统的相互协调，延长产品在经济系统内发挥作用的时间，有利于再利用（Reuse）和再循环（Recycle）。无论是产业生态化还是生态产业化，都必然要求绿色发展的转型。

现有经济体系还基本处于线性经济模式，物质资源的循环利用率低，直接导致对资源的依赖程度和污染程度偏高。线性经济模式具有不可克服的自身缺欠，也就是说，经济越发展对生态环境的破坏和压力就越大，与生态文明建设背道而驰。生态文明建设的五大体系都是以不同程度围绕着如何协调经济发展与生态环境的关系展开的，协调发展与环境的关系就需要改变固有的经济模式，从线性经济向循环经济转化，循环经济能够克服线性经济的缺欠，更好地实现经济发展与环境保护一致性。从线性经济向循环经济的转化就是逐渐实现绿色发展的过程，绿色发展是生态文明建设的必然要求。

（一）绿色发展转化是一个长期的过程

原有发展模式下的环境成本负担远远不足以体现生态环境的价值，社会福利损失过大，导致有了"金山银山"却失去了"绿水青山"。绿色发展是生态环境与经济发展的双赢模式，不仅要拥有"金山银山"，更要拥有"绿水青山"。绿色发展意味着在整个经济系统的生产领域和消费领域均需要全过程的环境影响最小化预防，不仅涉及生产领域，同时也涉及消费领域；不仅要关注企业的环境污染状况以及合规性，更要关注企业如何持续改进其环境影响；不仅要控制环境影响的每个点，而且要从整个系统的角度协调如何实现环境影响最小化。绿色发展不仅涉及经济模式的改变，在经济利益分配变化的格局下社会关系也将发生变化。

绿色发展是一种创新性发展模式，意味着原有的经济模式下的利益相关方权利、义务以及利益分配都将发生变化。生产领域的企业仅仅依靠符合国家法律法规标准的要求实现达标排放绝对称不上是绿色生产，企业将其外部不经济性内部化体现在其生产和产品的全

过程污染预防，通过技术创新和过程管理实现污染物最大化的削减，产品的绿色化设计、清洁生产、清洁能源、企业环境管理体系的完善等促进企业持续改进上。消费领域也逐渐实现绿色消费的转化，消费者已不单单是环境质量的承受者，他们同时通过自身消费行为的改变减少环境影响。

绿色发展是整个经济系统的变革，不是某一领域、某一环节的改善或控制，其本质就是将整个经济系统的各项活动外部不经济性内部化，政府主导赋予环境要素经济价值和社会价值，通过经济活动的主体——企业和公众的效益最大化体现。凡是有利于环境的经济行为，被赋予正向的经济价值和社会价值；反之，损害环境的行为被赋予负向的经济价值和社会价值。在此导向下，企业和公众为了实现自身利益的最大化，需要不断减少自身经济活动对环境产生的外部不经济性，从而实现经济发展与环境之间的协调一致最大化。

绿色发展是一个长期的、持续改进的过程。环境具有典型的公共物品属性，在没有政府的有效规制前提下，任何企业和个人都不会主动将自身的外部不经济性内部化。所以，在20世纪70年代的世界环发大会上，首次提出人类要发展，最重要的基础之一是自然系统的物质支撑，必须通过环境管理的手段来协调发展与环境的矛盾，而政府是环境的代言人，有权利也有义务实施政府管制。但是，管制目的在经济发展的过程中发生了巨大的变化，从单纯的污染物排放控制转变为行为过程的管理，从点源污染控制转变为点源和非点源污染的多重控制；从生产领域管理转向生产与消费全社会转化管理等。绿色发展下的政府管制目的改变，也必定意味着政府管理的范围、方法、手段等随之调整，这种调整是长期的、渐进的，也是不断试错和提高效率的过程。

绿色发展的前提是意识行为的转化。无论是生产者还是消费者，在现有的发展模式下对自身环境行为造成的社会福利损失都没有足够的认知和自觉性。生产企业进行绿色发展多数是为了符合国家和地方法律法规及标准的要求，但对于自身清洁生产和环境管理体系的完善还缺乏足够的动力。环境影响不能仅仅体现在污染物排放数量这一环境影响结果上，更为重要的是过程管理与自身的生产过程控制、供应链上下游的过程控制及所提供产品和服务的过程与控制，只有进行生命周期的全过程改进，才能逐步实现绿色生产。绿色消费也同样需要消费者意识的转化。绿色消费和绿色生产的转化路径不尽相同，绿色消费的转化更多是基于消费者绿色意识的提升：选择购买对环境有益的绿色产品，需要额外支付的经济费用并不能给消费者自身带来直接的经济收益，相反是一种社会责任的购买行为，没有足够的环境意识和社会责任，不会为看不见的共同的社会福利支付经济成本的。同样，消费行为的改变可以在很大程度上减少消费的环境影响，消费者的行为改变首先是消费意识的改变，不可能像限制生产行为那样约束消费行为，所以更多的应该是通过环境教育培养全民的环境意识，让更多的消费者意识到自身的消费行为与环境密切相关，关注环境并愿意为环境改变自己的行为方式。

绿色发展是一个持续改进的过程，而不是一个结果，随着社会经济、技术的不断发展，管理体系的不断完善，经济发展与环境之间原有的问题通过系统优化得以解决，同时也会不断出现新情况、新问题。绿色发展是伴随经济发展和环境管理理念的不断深化而不断改进、不断深入的发展过程。

（二）监管的漏洞增加逆向选择的风险

绿色发展要求社会经济系统的各行为主体都承担应担负的环境责任与环境成本，无论是企业还是消费者，承担环境责任都需要付出环境成本，且不会获得直接的经济收益，因此必须制定各自承担环境责任的底线。只有明确环境责任底线，企业和消费者才会付出环境成本，承担环境责任。政府是环境代言人，也是环境责任的确定者，作为公共管理者，政府需要更具发展的目标和发展的路径，通过制定一系列环境法律、法规、标准来确定环境责任的底线。

在环境法规和标准没有规范到的范围，企业和消费者的行为不受限制。随着绿色发展从理念到实践，我国各级政府也在不断加大立法和标准的力度，构筑法规标准体系，不断完善管理的范围和内容，只有建立健全法规标准体系，才能真正体现在经济行为互动中应该而且必须承担的环境责任。无论是生产还是消费经济活动，其形式都是复杂的、多样性的，而且随着经济的发展，其行为方式和形式都可能发生变化，因此，法规标准体系不是一成不变的，是需要根据经济发展的需要进行调整、改进和完善的。绿色发展是一种创新型发展方式，与以往任何时候的发展方式都不相同，也必定意味着环境责任的承担方式与以往不同，需要根据绿色发展的需要制定出更适合、更有利于发展转型的法规和标准体系。

法律法规标准体系的完善仅仅是承担环境责任的必要前提条件，没有政府的严格监管，企业和消费者也同样会不遵守。只有增大环境违法成本，才能构建企业和消费者的守法底线。企业环境违法成本包括：由于不遵守法规标准受到监管部门处罚产生的直接违法成本、由于环境违法而造成企业的社会声誉和品牌价值受损而产生的间接违法成本。

许多研究者和管理者非常关注环境的直接违法成本，这部分成本与政府监管力度直接相关。在严格监管条件下，更多企业遵守环境法规，但这时管理成本也会大幅度提高。因此需要改变政府企业之间的双方博弈管理模式，引入 NGO（非政府组织）和公众等利益相关方，实现多元博弈，NGO 和公众的参与监督将大大降低政府监管的成本，实现多方共赢。

随着市场经济机制的完善，对企业而言，间接环境违法成本的损失远远超过直接的违法成本。企业由于环境违法造成的企业社会声誉和品牌价值的损失远远超过政府给予的处罚。例如，江苏盐城响水化工园区的化工企业突发爆炸事故，引发环境损害，经媒体报道后直接引发一系列的社会反应。企业在经营过程中除了上述的突发性环境风险外，还有长期低浓度污染的环境风险，这两种风险的危害程度实际上后者远高于前者。突发性环境风险是由于偶发事件导致的意外性失控，该风险通过控制发生概率就能降低风险水平，但是往往更容易吸引人们的眼球，引发公众的高度关注。长期低浓度污染的环境风险是企业生产过程中存在的长期风险，这种风险往往容易被忽略，但实际风险水平非常高。对于低浓度污染的环境风险控制需要政府、公众全社会的监督，企业环境信息公开是降低该种风险的有效手段。

企业环境信息公开不仅要公开企业的环境守法状况等最基本信息，更为重要的是公开其生产过程中环境管理体系的构建、污染预防措施、对其产品及其供应链的控制等。伴随着企业环境信息的公开，企业为环境所付出的经济成本直接展现在公众面前，企业环境收益（无论是环境违法还是环境改进）都通过市场机制体现，一方面加大了企业间接环境违法成本，另一方面也放大了企业的间接环境收益。因此，绿色发展客观上要求企业逐渐公开环境信息，运用市场机制反馈促进企业改善环境行为。

无论是对环境违法的监督还是市场机制的运用，都离不开政府严格的环境规制。如果政府监管有漏洞，不仅企业可能会钻执法漏洞的空子，更为严重的后果是破坏了市场竞争的公平性：企业不守法反而获得竞争优势，就会有更多的企业仿效，出现劣币逐良币的逆向选择风险。

（三）绿色生产围绕将企业的环境效益转化为企业自身的利益

企业的生产行为会带来外部不经济性，通常政府会通过设定环境标准要求企业将其部分外部不经济性内部化（企业环境成本），而没有内部化的那部分则作为整个社会的福利损失（社会环境损失），没有社会福利损失就没有发展的空间和平台。在经济发展的初期，社会的福利损失大些，企业承担的环境成本小些，也就是环境标准相对比较宽松；当经济发展到一定阶段后，则需要逐渐提高环境标准，企业承担更多环境成本的同时逐步减少社会福利损失。生态文明建设需要经济发展与生态环境最大限度地和谐，必定要求不断减少社会福利损失，要求企业承担更多环境成本。

企业承担环境成本最有效的办法就是通过绿色生产降低污染物边际成本曲线，但是也会随着环境标准的提高单位削减成本不断提高。在政府监管严格、企业必须环境守法公平的前提下，企业需要提高自身的经济效率，而经济手段的运用有助于企业提高效率。无论是庇古手段的环境税收、环境补贴还是科斯手段的排污权交易，以及金融、保险、信贷等多种经济手段的背后，都是政府赋予环境合理的经济价值，这样企业才能将环境效益转化为企业自身的经济利益。如果环境保护税税率过低，企业很难有足够的积极性投资于污染减少的技术和管理上，因为环境投资产生的收益过低；相反，合理的环境税率让企业在缴纳环境污染税和减少污染之间进行选择时，如果减少污染的收益更大，则企业一定会主动减少污染。同样，我国实施的碳排放交易是一种典型的排污权交易，目前火电厂的边际递减成本已经非常高，如果扩大碳交易的行业范围，则火电厂可以以更低的成本从其他行业购买碳排放权，提高整个社会碳减排的经济效率。经济手段可以提高企业的经济效率，用最小的经济成本实现最佳的环境效益。

企业环境效益可以实现的不仅仅是企业的经济效益，还有企业的品牌效益。利用市场机制让消费倒逼生产，放大企业的环境行为后果，能够促进企业不断改善环境行为。

（四）绿色消费的转化需要打通经济系统的物质循环路径

消费领域的物质以产品为形态平台载体，实现其效用并在产品失去使用效用后将其废弃并使其进入自然系统或者重新回到生产领域。产品在消费领域并不会发生任何形态的变化，从产品生命周期来看，仅仅是从生产领域到消费者手中的位置移动（消耗能量）、使用阶段的效用发挥以及在最终废弃阶段产品从消费者手中重新回到自然系统（废弃）或生产领域（再利用、再循环）。

目前，大多数的绿色消费均集中于消费者个体的意识行为方式的转化，绿色消费的转化最终的确是由消费者实现，无论是采购对环境有益的绿色产品还是消费过程减少环境影响，都必须基于消费者绿色消费行为意识的增强，使其不仅意识到自身的消费行为与环境密切相关，而且愿意为环境付出经济成本、时间成本。但是，消费者个体的绿色消费行为实现还取决于绿色生产，绿色生产与绿色消费相互作用，紧密相连。

从消费领域的物质流分析，绿色消费首先必须实现物质减量化，而物质减量化须着眼于生产面的物质投入和消费面的使用效用增大两个角度。

生产面投入降低和消费面使用效用的增大可以最大限度地实现消费领域物质减量化。当进入消费领域的产品完成使用功效后，物质流的流向如果直接进入自然系统就会产生大量废弃物，如果能够回到生产领域实现再利用和再循环，就可以减少自然系统向生产领域的物质流输入，降低对自然系统的依赖程度。因此，绿色消费的重点之一是如何让消费领域的各种失去使用功能的产品重新回到生产领域，再次实现其功能价值。

从消费领域的各个零散消费点将产品重新汇聚到生产领域的过程，不仅需要消费者行为的改变，更需要打通逆向物流系统。废弃产品能够再生利用，原材料上与自然资源具有可替换性。也就是说，如果再生材料价格高于自然资源材料，生产企业会优先利用自然资源。废弃物的本身价值不高，但是附加的物流成本会大大增加废弃物的价格，因此实现绿色消费就必须打通逆向物流。而逆向物流不是某一个企业或行业能够实现的，政府为了使物质能够真正得以循环就必须打通逆向物流，让物流渠道畅通、高效，降低废弃物回收的经济成本和时间成本。

二、环境管理公共职能的转化与完善

（一）环境管理目标与行为人之间的矛盾

环境管理的对象是环境要素，要利用法律、行政、经济、技术和教育等多种管理手段保证环境质量的有效性，环境具有典型的公共物品特性，因此环境管理本质上是以社会福利最大化为目标的公共管理。无论是生产还是消费行为，外部个经济性普遍存在，都会以不同的方式、不同程度损害环境质量，与环境管理的目标不一致。

环境作为公共物品，产权的不完全特性导致所有人都可以占有它但不能完全拥有它，政府作为环境产权的代言人是环境管理最基本、最核心的主体。为了最大限度地保证环境质量和公共福利损失最小化，政府作为环境产权的代言人首先必须限制所有环境行为人的外部不经济性，从而保证社会的公平性。环境损害是由于生产或消费活动具有的外部性，生产者和消费者都是经济人，他们追求自身利益的最大化。环境行为人的利益最大化与社会福利最大化之间存在着客观矛盾：行为人利益最大化必然会加大社会福利的损失，不能实现社会福利的最大化；同样，为了保证公平，要实现社会福利的最大化就不能允许环境行为人自身利益最大化。

管理者的目标与被管理者的目标不一致，客观上造成了环境管理成本的上升：管理者为了达到环境管理的目标需要限制环境行为人造成的外部不经济性，而行为人内部化其环境成本的过程并不会带来或较少带来直接的经济收益。从主观上行为人是被动的，为保证所有行为人都能够按照管理要求一致化行动就要求管理者强化监管，无论任何国家，经济发展后都会强化监管，政府的有效监管是环境管理的基础。没有有效监管，经济手段或市场机制都无法发挥其应有的作用。经济越发展，经济活动越频繁，无论是规范范围还是监管对象，都不断增加，客观上造成了环境管理成本的上升以及管理效率的下降。

（二）环境管理的目标实现依赖利益相关方的行为转化

政府作为环境管理的核心主体是必要的，基于公平的管理有时会降低效率，有违经济发展的初衷。为了兼顾公平与效率，仅仅依靠政府进行环境监管是不够的。经济活动的生产者主体承担多重角色，既是环境损害者，同时也是环境损害的受害者，在过去很长一段时间内，环境管理侧重强调其环境损害者的角色，而忽略其环境受害者的角色，这主要是因为其行为造成的环境损害直接可见，而受害的结果往往是多重的、长期的和不确定的。

生产者既然也是环境损害的受害者，就与环境管理的公共福利损失减少有利害关系，企业作为生产主体可以作为环境管理主体之一，以弥补经济效率的损失。企业的本质是追求自身利益的最大化，为了让其主动、自愿减少环境外部经济性损失，要使其在环境管理过程中能够增加企业的收益。经济手段的运用可以降低企业环境成本，而市场机制的运用大大增加了企业的长期收益和品牌价值。绿色生产贯穿于企业全生命周期，在不同生命周期阶段，不仅生产者的责任与收益是相同的，而且增加生产者的收益与提升生产者作为环境管理主体的积极性是一致的。企业减少环境损失并不会直接导致企业的收益增加（无论是环境成本的下降还是品牌价值的提升），只有政府赋予环境以合理的经济价值，才能转化成企业的收益。

同样，长期以来的环境管理重生产、轻消费，消费者往往被视作环境损害的受害人，而其在环境行为中的环境损害者角色没有得到充分重视。消费行为的外部性没有有效控制，许多消费行为造成的环境污染是非点源污染，进一步加剧了该行为的严重性。绿色消费不仅仅是理念，更是消费行为方式的转化，而消费者行为方式的转化不但减少环境损害，同时也会增强消费者的荣誉感和社会责任感。消费者的行为转化不是自动形成的，而是需要政府的舆论引导、培育，逐渐培养其绿色消费意识，并逐渐降低绿色消费的时间成本，这样消费者才能真正参与到环境治理体系中。

以企业（生产者）作为主体，NGO 和公众（消费者）共同参与的环境治理体系离不开政府的主导作用，没有政府的主导就不会有环境治理体系的健康运行。伴随着环境管理的二元管理体系逐渐向多元管理体系的过渡，政府公共管理的职能也必然随之变化和调整。政府不仅需要强化环境规制的监管，同时需要调动其他主体的能动性。因为绿色生产和绿色消费都是过程的改进，而不仅仅局限于最终的环境结果本身，任何的过程改进均来自其自身内部的改变，政府监管无法实现。生产者和消费者的行为过程改变必定伴随着成本收益的变化，只有政府赋予环境合理价值才能奠定过程改变的必要外部条件。

三、提升政府管理水平和管理效率

（一）部门管理向综合管理的转化

长期以来，中国环境管理面临实践困境的双重考验：环境管理研究没有形成自己独特的研究范畴和话语体系，而管理实践的部门化和专业化导致管理实践往往以问题为导向，看似在解决我国最紧迫、最直观的环境问题，但往往对环境管理制度、经济发展制度与环境问题本身的相关关联度缺乏全面观察和深入剖析，导致环境管理碎片化、空心化，难以解决当前复杂多变的环境问题。

我国的环境管理一直存在着重生产轻消费、重结果轻过程的问题，环境管理过去侧重于工业点源的污染排放控制。工业点源污染强度大，分布广，进行控制是必要的，但也是不充分的。生态文明的经济体系是以产业生态化和生态产业化为核心展开的，也就必定要求经济发展的绿色转型，而绿色生产和绿色消费是沿着经济系统全过程的改进。简而言之，在所有的环节，生产和消费都存在着环境改进的空间和机会，但是客观理论上的能够改进和真正实施具有较大差距，将理论上的可能性真正转化为实际社会经济生活中的可操作行为，缺少不了政府的主导；促进绿色发展的环境管理不是在某一领域、某一环节，而是涉及整个社会经济系统的协调。

高效实现环境目标，提供优良的生态环境公共物品，是环境管理的首要核心任务。部门的管理无法实现未来环境管理的职能，部门管理逐渐向职能管理和综合管理过渡是绿色发展的客观必然要求。以社会经济系统与自然生态系统的协调优化为目标，沿着产品生命周期的全过程阶段，进行过程管理与优化。无论是生产过程的主体——企业还是消费过程的主体消费者——公众，都需要在环境过程的改进中发挥主体作用，企业和公众的广泛参与都离不开政府的主导，没有公共管理制度的合理设置，企业和公众无法发挥应有的作用。政府不仅需要对所有经济活动的外部性予以约束和监管，同时还需要激励环境管理的各个主体发挥能动作用，因为涉及各个领域和环节的过程管理是政府监管无法完全触及的。原有的部门管理模式局限性凸显，每个部门都有管理职能，但无法承担完整的管理职责，客观上降低了环境管理的效率。从部门管理逐渐向职能管理转化，有效克服管理部门之间的协作难题，才能真正适应绿色发展模式的转变要求。

（二）环境管理的短期效益与长期效益的平衡

所有环境问题的产生背后都具有极其复杂的原因，同时环境问题凸显具有时间后置性和长期累积性。当环境问题出现时，一定是各种生产和消费活动复合叠加并在之前较长时间内累积的最终结果。针对生产过程污染物的末端控制是对经济活动结果的管理，这种管理往往针对具体点源在特定时间段的管理，短时间内的成本和社会福利损失可以很容易评估，但实际上长期的环境风险以及可能产生的环境损失并不容易确定，所以，在经济发展到一定阶段后，才会逐渐显现各种问题。

环境管理不能只关注短期的环境效益，还需要关注长期的环境效益，高效的环境管理要求更高的投入产出，即如何以较少的政策执行成本实现较大环境效益和社会福利损失最小化。在没有考虑自身发展的客观前提下，一味地求同发展绿色产业的深层次背景是过度关注短期环境效益的表现。

绿色发展短期环境效益和长期环境效益的兼顾，需要减少社会成本的浪费和低效投入。也就是说，产业升级与产业结构调整并重。针对重污染、高能耗的产业，需要深入分析，是不是经济社会必要的产业、是否可以通过产业升级减少环境影响，否则就会出现仅仅考虑眼前的短期收益而忽略长期收益的情况。

（三）环境管理政策有效性的分析与评估

生态文明建设呼唤绿色发展，而绿色发展涉及全社会经济领域和过程，各种环境政策出自不同的部门、不同的地区，为了改进生产和消费的环境影响，他们会从各自职能管理目标出发去制定各种政策。政策的制定角度不同、目标不同，而且具有各自的独立性，但是所有的政策最后都会在一个社会经济系统中运作，最终的实施效果取决于政策本身，更重要的是与其他政策的协调性以及在系统内的运作。任何一项公共政策都会产生多重的效果，有预期的效果，也可能有非预期的效果，有正向效应，也可能有负向效应，公共政策一旦实施，其产生的社会后果远远超过任何一项私人政策。环境政策的预评估和后评估机制的完善有利于保证公共政策的有效性。

环境管理作为一门独立的研究领域范畴，在我国没有足够的话语权和学术地位，导致许多的环境管理研究还偏重于技术管理，缺乏系统的经济学和社会学分析，对环境管理实践的理论支持不足。环境管理属于社会科学范畴，以社会实践为基础，以解决社会问题为导向。绿色发展是新兴理念，从理念到真正在社会实践中落地需要环境管理等理论的支撑，环境管理的理论伴随着社会实践的不断创新需要不断深化和完善。

参 考 文 献

[1] 隋鲁智，吴庆东，郝文. 环境监测技术与实践应用研究 [M]. 北京：北京工业大学出版社，2021.

[2] 陈丽湘，韩融，罗旭副. 环境监测 [M]. 北京：九州出版社，2016.

[3] 刘雪梅，罗晓. 环境监测 [M]. 成都：电子科技大学出版社，2017.

[4] 黄功跃. 环境监测与环境管理 [M]. 昆明：云南科技出版社，2017.

[5] 崔虹. 基于水环境污染的水质监测及其相应技术体系研究 [M]. 北京：中国原子能出版社，2021.

[6] 周遗品. 环境监测实践教程 [M]. 武汉：华中科技大学出版社，2017.

[7] 邹美玲，王林林. 环境监测与实训 [M]. 北京：冶金工业出版社，2017.

[8] 唐兆民. 海洋环境监测 [M]. 延吉：延边大学出版社，2017.

[9] 闫学全，田恒，谷豆豆. 生态环境优化和水环境工程 [M]. 汕头：汕头大学出版社，2021.

[10] 王芬，李利红. 微生物与环境的互作及新技术研究 [M]. 长春：吉林科学技术出版社，2021.

[11] 聂文杰. 环境监测实验教程 [M]. 徐州：中国矿业大学出版社，2020.

[12] 王森，杨波，聂玲. 环境监测在线分析技术 [M]. 重庆：重庆大学出版社，2020.

[13] 李丽娜. 环境监测技术与实验 [M]. 北京：冶金工业出版社，2020.

[14] 冯素珍，杜丹丹，冀鸿兰. 环境监测实验 [M]. 郑州：黄河水利出版社，2013.

[15] 李秀红. 生态环境监测系统 [M]. 北京：中国环境出版集团，2020.

[16] 张宝军，黄华圣. 水环境监测与治理职业技能设计 [M]. 中国环境出版集团，2020.

[17] 邱诚，周筝. 环境监测实验与实训指导 [M]. 中国环境出版集团，2020.

[18] 张存兰，商书波，王芳. 环境监测实验 [M]. 成都：西南交通大学出版社，2018.

[19] 曾健华，潘圣. 土壤环境监测采样实用技术问答 [M]. 南宁：广西科学技术出版社，2020.

[20] 杜晓玉. 面向水环境监测的传感网覆盖算法研究 [M]. 开封：河南大学出版社，2020.

[21] 刘音，李威君，王翠珍. 环境监测实验教程 [M]. 北京：煤炭工业出版社，2019.

［22］ 王海芹，高世楫. 生态文明治理体系现代化下的生态环境监测管理体制改革研究
　　　［M］. 北京：中国发展出版社，2017.

［23］ 王晓飞，伍毅，洪欣. 环境监测野外安全工作指南 ［M］. 北京：中国环境出版
　　　社，2019.

［24］ 王延俊. 环境样品放射性监测与分析 ［M］. 兰州：甘肃科学技术出版社，2017.

［25］ 王行风. 煤矿区地表环境监测、分析与评价研究 ［M］. 徐州：中国矿业大学出版
　　　社，2019.

［26］ 陈井影，李文娟. 环境监测实验 ［M］. 北京：冶金工业出版社，2018.

［27］ 刘琼玉. 环境监测综合实验 ［M］. 武汉：华中科技大学出版社，2019.

［28］ 曲磊. 环境监测 ［M］. 北京：中央民族大学出版社，2018.

［29］ 李理，梁红，蒋成义. 环境监测 ［M］. 武汉：武汉理工大学出版社，2018.

［30］ 焦明连，卢霞，张云飞. 海洋环境立体监测与评价 ［M］. 北京：海洋出版社，2019.